电力营销一线员工作业一本通

业扩报装

本书编委会　编

U0300181

中国电力出版社

CHINA ELECTRIC POWER PRESS

内 容 提 要

本书为"电力营销一线员工作业一本通"丛书之《业扩报装》分册，着重围绕服务规范、作业规范，对以10千伏业扩报装为例，对业务受理到装表送电整个业扩报装流程环节的服务行为和作业行为进行指导，旨在提高和规范业扩报装人员的业务技能，提升优质服务水平。

本书可供电力营销基层管理者和一线员工培训及自学使用。

图书在版编目（CIP）数据

业扩报装 /《业扩报装》编委会编. —北京：中国电力出版社，2016.9（2022.11重印）
（电力营销一线员工作业一本通）
ISBN 978-7-5123-7513-0

Ⅰ. ①业… Ⅱ. ①业… Ⅲ. ①用电管理 Ⅳ. ①TM92

中国版本图书馆CIP数据核字（2015）第069622号

中国电力出版社出版、发行

（北京市东城区北京站西街19号 100005 http://www.cepp.sgcc.com.cn）
北京九天鸿程印刷有限责任公司 印刷
各地新华书店经售

*

2016年9月第一版 2022年11月北京第五次印刷
787毫米×1092毫米 32开本 7.625印张 162千字
定价38.00元

编　委　会

主　编　肖世杰　陈安伟

副主编　赵元杰　孔繁钢　杨　勇　吴国诚　商全鸿　阙　波　王　炜

委　员　徐嘉龙　张　燕　周　华　董兴奎　张　劲　乐全明　邵学俭

　　　　　应　鸿　裘华东　郑　斌　樊　勇　朱炳铨　郭　锋　徐　林

　　　　　赵春源

编　写　组

组　长　张　燕

副组长　孙志能　郑　斌

成　员　虞　昉　侯素颖　张云雷　王州波　周洪涛　凌荣光　张国荣

　　　　　石科明　徐　帅　许建军　张　科　乐　锋　王长江　陆旭挺

　　　　　余丹萍　张秋慧　邵麒麟　庞中国　邬友定　陈仕军　胡　海

　　　　　虞书道　郭哲军　唐绍轩

丛书序

国网浙江省电力公司正在国家电网公司领导下，以"两个率先"的精神全面建设"一强三优"现代公司。建设一支技术技能精湛、操作标准规范、服务理念先进的一线技能人员队伍是实现"两个一流"的必然要求和有力支撑。

2013年，国网浙江省电力公司组织编写了"电力营销一线员工作业一本通"丛书，受到了公司系统营销岗位员工的一致好评，并形成了一定的品牌效应。2016年，国网浙江省电力公司将"一本通"拓展到电网运检、调控业务，形成了"电网企业一线员工作业一本通"丛书。

"电网企业一线员工作业一本通"丛书的编写，是为了将管理制度与技术规范落地，把标准规范整合、翻译成一线员工看得懂、记得住、可执行的操作手册，以不断提高员工操作技能和供

电服务水平。丛书主要体现了以下特点：

一是内容涵盖全，业务流程清晰。其内容涵盖了营销稽查、变电站智能巡检机器人现场运维、特高压直流保护与控制运维等近30项生产一线主要专项业务或操作，对作业准备、现场作业、应急处理等事项进行了翔实描述，工作要点明确、步骤清晰、流程规范。

二是标准规范，注重实效。书中内容均符合国家、行业或国家电网公司颁布的标准规范，结合生产实际，体现最新操作要求、操作规范和操作工艺。一线员工均可以从中获得启发，举一反三，不断提升操作规范性和安全性。

三是图文并茂，生动易学。丛书内容全部通过现场操作实景照片、简明漫画、操作流程图及简要文字说明等一线员工喜闻乐见的方式展现，使"一本通"真正成为大家的口袋书、工具书。

最后，向"电网企业一线员工作业一本通"丛书的出版表示诚挚的祝贺，向付出辛勤劳动的编写人员表示衷心的感谢！

国网浙江省电力公司总经理　肖世杰

前　言

　　为全面践行国家电网公司"四个服务"的企业宗旨，进一步强化电力营销基层班组的基础管理，提高电力营销基层员工的基本功，持续提升供电服务水平，一批来自电力营销的基层管理者和业务技术能手，本着"规范、统一、实效"的原则，编写了"电力营销一线员工作业一本通"丛书。

　　本丛书编写组结合电力营销专业各岗位的特点，遵循电力营销有关法律、法规、规章、制度、标准、规程等，紧扣营销实际工作，从岗位的服务规范、作业规范、应急处理、日常运营、故障分析处理等出发，编写了本丛书，并开展了审核、统稿、专家评审等工作。

　　在编写过程中，编写组还通过一边编写一边实训的方式，带动和培养了一批优秀的技能人才。同时，不断提炼完善，自编、自导、

自演了配套的视频教材，该套丛书具有图文并茂、通俗易懂、方便自学等特点，得以在基层员工中落地开花。

本书为"电力营销一线员工作业一本通"丛书之《业扩报装》分册，着重围绕服务规范、作业规范，以10千伏业扩报装为例，对业务受理到装表送电整个业扩报装流程环节的服务行为和作业行为进行指导，旨在提高和规范业扩报装人员的业务技能，提升优质服务水平。

本书编写组成员均为优秀的一线骨干工作人员，具有丰富的现场稽查工作经验，编写过程中还得到了多位领导、专家的大力支持，在此谨向参与本书编写、研讨、审稿、业务指导的各位领导、专家和有关单位致以诚挚的感谢！

由于编者水平有限，疏漏之处在所难免，恳请各位领导、专家和读者提出宝贵意见。

本书编写组

2016年7月

目 录

Part 1

服务规范篇 >>

服务规范篇以业扩报装人员日常工作礼仪为主要内容，旨在规范业扩报装人员的服务行为，提高服务质量。

本篇分为服务基本准则、仪容仪表规范、典型场景服务规范三个部分，为业扩报装人员的规范服务提供参考。

一　服务基本准则

（一）"三要""三不要"

"三要"

◎ 仪容仪表要整洁

◎ 作业行为要规范

◎ 服务客户要用心

"三不要"

◎ 不要忽视客户要求

◎ 不要与客户发生争执

◎ 不要损坏国家电网形象

（二）服务礼貌用语十二条

> 使用文明礼貌用语，语音清晰，语速平和，语意明确，提倡讲普通话，尽量少用生僻的电力专业术语。

1. 您好
2. 请 / 请问
3. ×先生 / 女士
4. 麻烦您
5. 打扰了
6. 请稍等 / 稍候

7. 抱歉
8. 对不起
9. 不客气 / 没关系
10. 非常感谢 / 谢谢
11. 好的
12. 再见 / 再会

◱ 仪容仪表规范

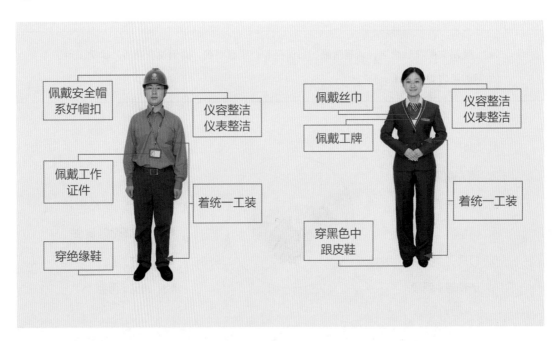

佩戴安全帽系好帽扣

仪容整洁仪表整洁

佩戴工作证件

着统一工装

穿绝缘鞋

佩戴丝巾

仪容整洁仪表整洁

佩戴工牌

着统一工装

穿黑色中跟皮鞋

三 典型场景服务规范

（一）营业厅服务

注意要点

√ 营业厅服务遵守首问责任制。

√ 服务过程中始终面带微笑。

√ 使用文明礼貌用语，主动问候，耐心解释。

√ 在迎客、示坐、填单、收费、送客等过程中正确运用鞠躬、指导、递接等肢体语言。

迎客示坐

答复咨询

迎接单据

核对信息

（二）办公室服务

注意要点

√ 提前告知客户约见时间及需准备的材料。

√ 接待客户热情，到访客户礼貌、谦逊。

√ 与客户沟通时，做到态度诚恳，用语规范，不随意打断客户讲话；坐姿自然得体，不得有躺、卧等姿势。

√ 出具单据、合同时字迹清晰，纸面整洁无褶皱。

接待客户

沟通协商

签订合同

友好致意

（三）现场服务

注意要点

√ 预约现场工作时间、确认地址，尽量满足客户提出的时间要求。

√ 接打电话使用文明礼貌用语，铃响三声内接听，待客户挂机后再挂断电话。

√ 提醒客户需要准备和配合的事项。

√ 着装规范、佩戴安全帽，并携带相关证件。

√ 主动出示工作证，遵守客户的保卫保密规定。

√ 按客户要求规范停车。

预约客户

整理仪容

停车待检

出示证件

出入登记

规范停车

7

（三）现场服务

注意要点

√ 进行现场作业时要求客户相关人员随同检查。

√ 当客户相关资料与现场不一致时，向客户确认并做好记录。

√ 一次性告知存在问题和要求，向客户详细说明，取得客户的理解与支持。

√ 单据填写字迹清晰，并请客户签收。

客户陪同

记录要点

指导检查

签字确认

Part 2

作业规范篇 >>

作业规范篇以10千伏高压业扩报装整个流程环节为主要内容，旨在提高业扩报装人员的业务技能，为客户提供全面、专业、优质的服务。

本篇分为业务受理、现场勘查、拟订供电方案、供电方案答复、业务收费、设计文件审核、中间检查、竣工检验、签订供用电合同、装表、送电、归档共十二个部分，对业务受理到工程送电整个业扩报装流程环节的作业行为进行规范，为业扩报装人员的规范作业提供参考。

⚊ 业务受理

> 本作业的主要内容包括：接收并审查客户资料，一次性告知客户业务办理流程、申请所需资料清单、收费项目与标准以及相关注意事项等信息，录入客户申请信息，系统GIS定位报装地址，移交客户申请资料。

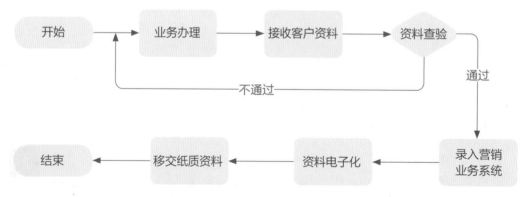

（一）业务咨询

工作内容

√ 客户到供电营业厅咨询用电申请业务，受理人员应询问客户业务需求，向客户提供"用电业务办理告知书"，一次性告知客户业务办理流程、申请所需资料清单、收费项目与标准以及相关注意事项等信息。

用电业务办理告知书

（适用业务：高压新装、增容、高压装表临时用电）

尊敬的电力客户：

收到您向国网浙江省供电公司办理用电业务！为了方便您办理业务，请您仔细阅读以下内容。

一、业务办理流程

| 用电申请 | 供电方案答复 | 工程设计 | 工程施工 | 装表接电 |

二、业务办理说明及注意事项

1. 用电申请
请您按照"客户申请所需资料清单"要求提供申请资料。

2. 供电方案答复
在受理您用电申请后，我公司将当天安排客户经理与监控人员与您约定时间到现场查看供电条件，在受理后15个工作日内（双电源客户30个工作日）答复供电方案。
您在领取供电方案时，请本人或委托授权人携带有效身份证明资料，以保障您的用电安全。
供电方案有效期自客户答复之日起一年内有效。如您有特殊情况，而延长供电方案的有效期，请您务必在有效期到期前10日向我公司提出申请，我公司将视情况为您办理供电方案延期手续。

3. 工程设计
（1）设计文件审核（重要或有特殊负荷客户）
收到供电方案后，请您自主选择有相应资质的设计单位开展受电工程设计。完成设计后，请及时提交受电工程设计文件和有关资料，我们将为您在5个工作日内完成审核。
以下事项需您重点关注：
受电工程应根据供电方案答复单进行设计，您所委托的设计单位应取得相应级别的设计资质和其它必备的资质条件，跨省跨界设计单位应在浙江省建立登记备案，跨地区设计单位应在地（市）级建立登记备案。
设计文件未经我公司审核同意，不得据此施工，否则，我公司将依据相关规定，不予施工检验和接电。

（2）营业费用缴纳
为确保您的供电方案有效及后续工程的顺利实施，请您及时交纳电力方案答复单中所列的业务服务收费，营业服务收费项目和收取标准按照浙价费〔2007〕27号、浙价〔2004〕1138号、浙价〔2009〕183号、浙价〔2010〕149号等文件执行。

4. 工程施工
根据国家规定，产权分界为双方运行维护管理及安全责任范围的分界点，产权分界点以下部分（用户侧）由您负责施工，产权分界点以上部分（电源侧）由我公司负责施工，产权分界点应由我公司与您在《供用电合同》中约定。
请您自主选择施工单位和设备材料供应单位开展受电工程施工。您所委托的施工单位应取得电力监管机构颁发的相应级别的"承装（修、试）电力设施许可证"。外省承装（修、试）电力设施企业应在浙江省承接工程前，应自工程开始之日起30日内，向国家能源局浙江监管办公室登记备案，依法接受其监督检查。涉及10kV的高压电气设备应取得国家认证机构出具的型式试验报告、低压电气设备应由得国家强制性产品认证证书（即3C认证），提倡使用节能电气产品，严禁使用国家明令淘汰的电气产品。
如您选择不符合施工要求的设备材料，受电工程将不能接入电网运行。

（1）中间检查（重要或有特殊负荷客户）
您的受电工程在电缆沟等、接地隐蔽环节验工程需遮盖，请您携带隐蔽资料和列向供电营业窗口办理中间检查申请，我公司将于5个工作日内完成中间检查。
您的受电工程未经中间检查合格，不得开展后续电气安装，否则我公司将根据相关规定不予检验。

（二）业务办理

工作内容

∨ 客户到供电营业厅办理用电申请业务，
受理人员应了解业务需求，核对申请资
料的有效性及完整性，应主动向客户提
供用电咨询服务，向客户提供"用电业
务办理告知书"，一次性告知客户业务办
理流程、申请所需资料清单、收费项目
与标准以及相关注意事项等信息。

∨ 业务受理提供柜台、自助、"95598"供
电服务热线、网上营业厅、手机客户端、
电力微信等服务渠道。

指导客户填写申请资料

核对客户申请资料

注意事项

√ 对于通过"95598"供电服务热线、网上营业厅、手机客户端、电力微信等渠道受理的客户用电申请，应在1个工作日内将受理工单信息传递至属地营业厅，由客户经理在现场勘查时一并收集完善有关申请资料。现场收集的客户申请资料应在1个工作日内传递到属地营业厅。

√ 对于通过同城异地营业厅受理的客户用电申请，由受理地营业厅负责收集、审核用电申请资料信息，并协助客户补充完善相关申请资料。审验合格后，当日录入营销业务应用系统，完成资料电子化处理，并及时将业务流程发送至下一环节。受理地营业厅完成业务受理后，应在2个工作日内将客户申请资料转交属地营业厅。

一证受理

√ 业扩报装申请阶段，实行营业厅"一证受理"，在收到客户用电主体资格证明（自然人提供有效身份证明，法人提供营业执照或组织机构代码证或项目批复文件三选一）并签署"承诺书"后，正式受理用电申请，其余资料根据"承诺书"约定时限逐步收集齐全。客户提交资料不全时，业务人员应通过缺件通知书形式告知客户具体缺件内容。客户在往次业务办理过程已提交且有效的资料，无需再次提供。

√ 客户申请时，自然人提供有效身份证明，法人提供营业执照或组织机构代码证或项目批复文件三选一，即可正式受理用电申请，客户身份证明、房屋产权证明或其他证明文书、项目批复（核准、备案）文书及重要负荷清单等需在供电方案答复前提交资料。

√ 政府主管部门核发的能评、环评意见，涉及国家优待电价的提供政府有权部门核发的意见，一般纳税人资格证书等，需在送电前提交资料。

13

一证受理承诺书

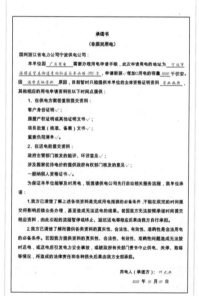

承诺书
(非居民用电)

国网浙江省电力公司宁波供电公司

本单位因 厂房用电 需要办理用电申请手续，此次申请用电的地址为 宁波市海曙区望春街道半公米水南路四门，申请新装、增加口用电的容量 1000 千伏安。

因 这个年这处里 原因，目前暂时只能提供本单位的主体资格证明资料 营业执照，其他相应的用电申请资料待以下时间点提供：

1. 在供电方案答复前提交资料：
客户身份证明√；
房屋产权证明或其他证明文书√；
项目批复（规准、备案）文书√；
重要负荷清单√。

2. 在送电前提交资料：
政府主管部门核发的批许、环评意见√；
涉及国家优惠电价的提供政府有权部门核发的意见√；
一般纳税人资格证书√。

为保证本单位能够及时用电，现提请供电公司先行启动相关服务流程，我单位承诺：

1. 我方已清楚了解上述各项资料是完成用电报装的必备条件，不能在规定的时间提交将影响后续业务办理，甚至造成无法送电的结果。若因我方无法按承诺时间提交相应资料，由此引起的流程暂停终止、延送送电等相应后果由我方自行承担。

2. 我方已清楚了解所提供各类资料的真实性、合法性、有效性、准确性是合法用电的必备条件。若因我方提供资料的真实性、合法性、有效性、准确性问题造成无法按时送电，或送电后引发电力安全事故，或被政府有关部门门责令中止供电、关停、取缔等情况，所造成的法律责任和各种损失后果由我方全部承担。

用电人（承诺方）：阿龙虎

2015 年 10 月 10 日

用电申请缺件通知书（示例）

1. 表单上的户名须与公章一致。

2. 所缺资料如实填写。

3. 供电企业经办人、联系电话，写受理员的名字及联系电话。
收件人、联系电话，写客户经办人的名字及联系电话。

4. 缺件通知书提供日期与补齐材料日期按实填写。

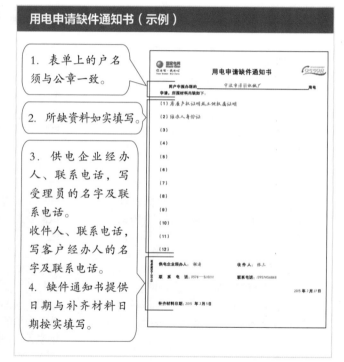

相关话术（高压客户）

您好，只有身份证可以申请变压器新装吗？

您好，申请新装变压器多久你们工作人员会去现场？

您好，在您提供用电主体资格证明并签署"承诺书"后，我们的业务人员即可正式受理您的申请，用电主体证明可以是您申请单位的营业执照或组织机构代码。非法人本人办理时，需提供经办人身份证原件，法人身份证原件或复印件及授权委托书原件。

您好，在正式受理您的用电申请后，我公司将于近日安排客户经理与您预约现场勘查时间，并按照约定时间至现场查看供电条件，请您保持手机畅通，耐心等待我们的客户经理与您联系。

相关话术（高压客户）

您好，申请新装变压器有费用产生吗？

您好，供电公司办理业务时，依据浙江省物价局文件在供电方案中确定与您实际业务相关的政策性费用，如负控终端费、高可靠性供电费和临时接电费等，待您收到供电方案答复单后，请及时缴纳相关业务费用。

您好，供电企业提供变压器安装服务吗？

您好，供电公司提供供电服务，但不提供具体的变压器安装、施工等服务。您享有变压器安装设计、施工、供货单位的自主选择权，可以根据需要自行选择，供电公司不会也不能指定相应的设计单位、施工单位、供货单位。

相关话术（高压客户）

您好，申请竣工报验需要提交哪些资料？

您好，供电公司对我方委托的安装单位有什么要求吗？

您好，您在申请竣工报验时所需提供资料清单可以参照"用电业务办理告知书"中所列项目，若施工单位的资质证书在中间检查环节已提供，无需再次提供。

您好，您所委托的施工单位应符合《电力施工企业资质管理办法》的相关规定，浙江省电力施工企业取得电力监管机构颁发的相应级别的"承装（修、试）电力设施许可证"。省外许可企业在浙江省直接从事承装（修、试）电力设施活动的，在开展业务前应向国家能源局浙江监管办公室（简称浙江能监办）备案，并接受浙江能监办的管理和监督。

相关话术（高压客户）

您好，哪里可以查到有资质的设计施工单位呢？

您好，您可登录浙江省能监办网站，在浙江省电力用户受电工程市场信息公开与监督管理系统中查询设计、施工和设备材料供应单位的相关信息。

您好，业务费用可以转账汇款吗？

您好，供电方案答复单中所确定的业务费您可以现金或者支票到我们营业窗口缴纳，也可以到银行或者通过网银转账等方式汇款到我公司指定的账户。

（三）接收客户资料

用户申请资料清单		
资料名称	资料说明	备注
1. 自然人有效身份证明	身份证、军人证、护照、户口簿或公安机关户籍证明	以个人名义办理，仅限居民生活用电
2. 法人代表（或负责人）有效身份证明复印件	身份证、军人证、护照、户口簿或公安机关户籍证明	以法人或其他组织名义办理
3. 法人或其他组织有效身份证明	营业执照（或组织机构代码证，宗教活动场所登记证，社会团体法人登记证书，军队、武警出具的办理用电业务的证明)	
4. 房屋产权证明或其他证明文书	（1）"房屋所有权证""国有土地使用证""集体土地使用证" （2）购房合同 （3）含有明确房屋产权判词且发生法律效力的法院法律文书（判决书、裁定书、调解书、执行书等） （4）若属农村用房等无房产证或土地证的，须由所在镇（街道、乡）及以上政府或房管、城建、国土管理部门根据所辖权限开具产权合法证明	申请永久用电左边所列四项之一
	（1）私人自建房：提供用电地址产权权属证明资料 （2）基建施工项目：土地开发证明、规划开发证明或用地批准等	申请临时用电左边所列四项之一

用户申请资料清单

资料名称	资料说明	备注
4．房屋产权证明或其他证明文书	（3）市政建设：工程中标通知书、施工合同或政府有关证明 （4）住宅小区报装：用电地址权属证明和经规划部门审核通过的规划资料（如规划图、规划许可证等） （5）农田水利：由所在镇（街道、乡）及以上政府或房管、城建、国土管理部门根据所辖权限开具产权合法证明	申请临时用电左边所列四项之一
5．授权委托书		非户主办理提供
6．经办人有效身份证明	身份证、军人证、护照、户口簿或公安机关户籍证明	
7．房屋租赁合同		租赁户办理提供
8．承租人有效身份证明	身份证、军人证、护照、户口簿或公安机关户籍证明	
9．一般纳税证明	一般纳税人资格证书、银行开户许可证或银行开户信息（包括开户行名称、银行账号等）	开具增值税发票提供
10．重要用户等级申报表和重要负荷清单		需列入重要电力用户提供
11．政府主管部门核发的能评、环评意见		按照政府要求提供
12．涉及国家优待电价的，应提供政府有权部门核发的意见		享受国家优待电价提供

高压客户用电登记表（示例）

1. 申请表中客户基本信息栏、客户经办人资料栏填写齐全，地址尽量详细，空格用"/"。

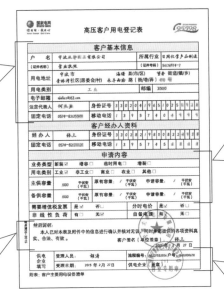

2. 根据客户需求及实际情况，选勾申请相关内容，并填写意向接电时间。

3. 客户经办人签字并盖章，公章与抬头一致，并填写申请日期。

4. 受理人员核对客户填写信息并录入系统、记下户号和流程号、签字并盖业务章，受理日期必须与系统受理日期一致。

客户主要用电设备清单（示例）

1. 户号、户名、流程号和系统一致。

2. 所填设备序号、数量、总容量列填写按客户用电需求填写。所填用电设备合计数量、容量与各项设备容量加起来一致。

3. 申请客户签字并盖章，日期与"高压客户用电申请单"申请日期一致。

联系人资料表（示例）

联系人资料表

| 户　号 | 500/800678 | 流程编号 | /S022755/898d |
| 户　名 | 宁波东华纸业有限公司 | | |

（表单内容为示例，略）

客户签名（单位盖章）：林立　　　　　　　2015年2月11日

其他说明：办理高压和强压用户居民解居、临时用电业务时应填写本表。办理其他业务的，根据实际需要填写。

1. 户号、户名、流程号和系统一致。

2. 法人联系人、电气联系人、账务联系人此三种联系人信息必填，其中法人联系人联系方式可为固定电话或移动电话，电气联系人和账务联系人移动电话信息填写齐全。

3. 客户签字并盖章，日期与"高压客户用电登记表"申请日期一致。

用户受电工程建设有关事项的提示

浙江省能监办

关于用户受电工程建设有关事项的

提示

根据国家有关规定，电力用户享有用户出资选择、建设电力工程权属受有关法律法规保护。为使电力用户顺利完成此次受电工程建设并依法维护自身权益，现就有关事项提示如下：

一、电力用户对受电工程建设有自主选择设计、施工和设备材料供应等的权利，供电企业不得以任何方式直接或间接指定受电工程的设计、施工和设备材料供应单位。

（一）设计单位应取得建设部门规定的相应级别的设计资质和其他必备的资质条件。

（二）施工单位应取得电力监管机构颁发的相应级别的"承装（修、试）电力设施许可证"和其他必备的资质条件。

（三）高压电气产品应取得国家认定机构出具的型式试验报告；低压电气产品应取得国家强制性产品认证证书（即3C证书）。

二、电力用户如选择不符合上述条件的设计、施工单位和设备材料，其受电工程不能接入电网运行。

电力用户可登陆浙江省能监办网站，在浙江省电力工程市场信息公开平台与监管问答系统中查询设计、施工和设备材料供应单位的相关信息，并可对其在受电工程中的行为予以评价。

二、供电企业在办理用电业务时，应及时提供供电方案，对用户受电工程的设计文件有要求的，开展中间检查、竣工检验及最终供受电工程工作。电力用户按约定配合。

（一）受电工程应依据供电企业器质的供电方案进行设计。

（二）电力工程设计文件应送供电企业审核。设计文件未经供电企业审核同意，电力用户不得擅自施工。否则，供电企业不予竣工检验和接收接电。

（三）电力用户在受电工程（指受电工程的隐蔽装置、暗敷管线等）完成前，应对申请供电企业进行中间检查。

（四）电力用户在受电工程竣工并试验验收合格后，及时申请供电企业进行竣工检验。

（五）电力用户与供电企业应当在装表接电前签订协商一致的《供用电合同》。

三、电力监管机构对供电企业及受电工程的双方节的工作情况实施监督。电力用户及供电企业、施工企业在受电工程建设中的违法违规行为，可拨打电力监管投诉举报12398投诉举报。

本提示内容已阅读。
电力用户（签名）：　　　　　　　年　月　日

注意事项

√ 核查客户已提交资料的完整性、合法性、有效性。

√ 受理人员应向客户提供"用电业务办理告知书"。

√ 对于提供资料欠缺或不完整的客户，应出具"承诺书"和"用电申请缺件通知书"，并告知客户后续需补齐资料。

√ 法人或其他组织主体资格证明文件：法人代表（或负责人）有效身份证明复印件（同自然人）；营业执照（或组织机构代码证，宗教活动场所登记证，社会团体法人登记证书，军队、武警出具的办理用电业务的证明），优先提供营业执照，无营业执照的可提供组织机构代码证等。

√ 指导客户填写"高压客户用电登记表"及"客户主要用电设备清单"，双方签字盖章后，一份交客户，一份归档。

注意事项

√ 提醒客户阅读《浙江省能监办关于受电工程建设有关事项的提示》并签收，向客户说明三不指定事项，指导客户使用"浙江省电力用户受电工程市场信息与监管系统"。

√ 房屋合法产权证明文件上的地址与用电地址应一致。

√ 表单中的任何签名应保证是本人亲笔签名，不能用签名章代替签字。

√ 盖章时一律使用红色印泥，印章要清晰、鲜明。

√ 非自然人办理用电申请、业务报验等表单（含附表）需要加盖公章。若法人本人办理的或经办人携带加盖公章的授权委托书办理的，申请单可不加盖单位公章，但需要法人本人或经办人签名。

√ 工作表单中客户签署栏为"客户签收"的签收类表单，由客户本人或经办人签名即可，不需要加盖公章。

（四）录入营销业务系统

　　所有营销业务系统操作说明均以某一特定业务为例，根据实际情况进行选择。在营销系统发起高压新装流程，读取身份证信息，完成基本信息录入。

1. 用电申请信息操作界面及说明

● 工作任务 ➡ 待办工作单 ➡ 新装增容及变更用电 ➡ 功能 ➡ 业务受理 ➡ 用电申请信息

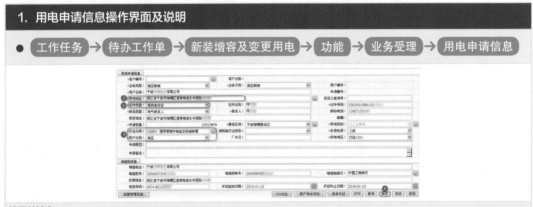

填写关键点：
❶对客户提供身份证申请的，直接通过身份证信息读取器进入系统；对于其他身份证明或不能读取的，将原件拍照、扫描并录入系统；
❷申请新装业务表单的用电地址需符合结构化地址库要求，农村满足5级，城镇满足7级，其中市、县（市/区）、街道（镇/乡）、社区（居委会/村）为必填项；
❸填写客户申请信息，其中"行业分类"和"用电类别"的选择根据客户实际用电性质确定；
❹剩余信息填写完成后点击"保存"。

● 工作任务 → 待办工作单 → 新装增容及变更用电 → 功能 → 业务受理 → 用电申请信息

填写关键点：

❶信息保存后生成用电户号和流程号，点击"GIS定位"，进入GIS定位界面。

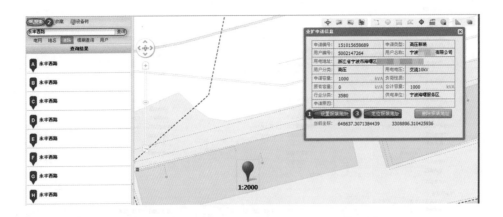

工作任务 → 待办工作单 → 新装增容及变更用电 → 功能 → 业务受理 → 用电申请信息

填写关键点：
❶点击"设置报装地址"，根据客户用电申请搜索地址；
❷点击"搜索"，输入客户用电报装地址进行查询，选择查询结果并经客户确认；
❸点击"定位报装地址"，关闭GIS定位界面。

2. 客户联系信息操作界面及说明

● 工作任务 → 待办工作单 → 新装增容及变更用电 → 功能 → 业务受理 → 客户联系信息

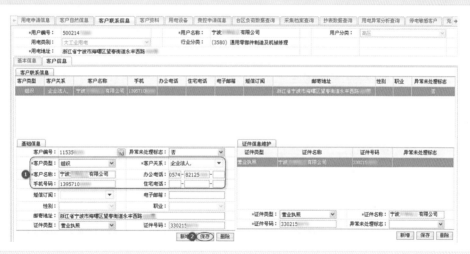

填写关键点：
❶选择客户类型为"组织"，客户关系选择"企业法人"，填写手机号码及固定电话；
❷点击"保存"。

● 工作任务 → 待办工作单 → 新装增容及变更用电 → 功能 → 业务受理 → 客户联系信息

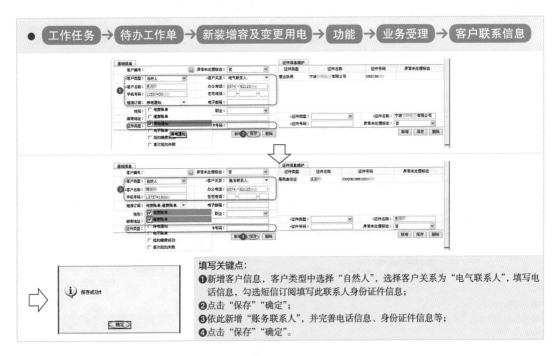

填写关键点：

❶新增客户信息，客户类型中选择“自然人”，选择客户关系为“电气联系人”，填写电话信息，勾选短信订阅填写此联系人身份证件信息；

❷点击“保存”“确定”；

❸依此新增“账务联系人”，并完善电话信息、身份证件信息等；

❹点击“保存”“确定”。

3. 客户资料操作界面及说明

● 工作任务 → 待办工作单 → 新装增容及变更用电 → 功能 → 业务受理 → 客户资料

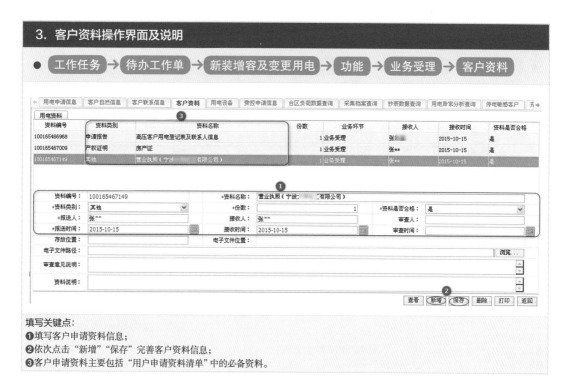

填写关键点：

❶填写客户申请资料信息；

❷依次点击"新增""保存"完善客户资料信息；

❸客户申请资料主要包括"用户申请资料清单"中的必备资料。

4. 用电设备操作界面及说明

● 工作任务 → 待办工作单 → 新装增容及变更用电 → 功能 → 业务受理 → 用电设备

填写关键点：
❶用电设备维护菜单中选择设备类型，填写相线、电压、容量和台数；
❷选择用户，点击"确认""保存"，设备保存成功。

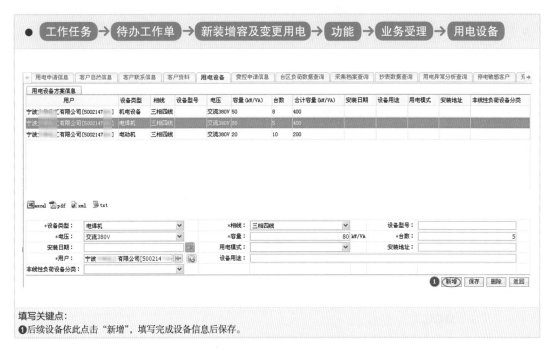

填写关键点：
❶后续设备依此点击"新增"，填写完成设备信息后保存。

5. 用电申请信息操作界面及说明

● 工作任务 → 待办工作单 → 新装增容及变更用电 → 功能 → 业务受理 → 用电申请信息

填写关键点：
❶保存成功后，返回客户申请信息菜单下，点击"发送"；
❷点击"确定"，流程发送至下一环节。

（五）资料电子化

工作内容

√ 用电申请受理完成后，应按规定将客户提交资料、工作表单实时扫描、拍照上传智能档案系统进行资料电子化处理，同时将流程发送至下一环节。

1. 档案管理操作界面及说明

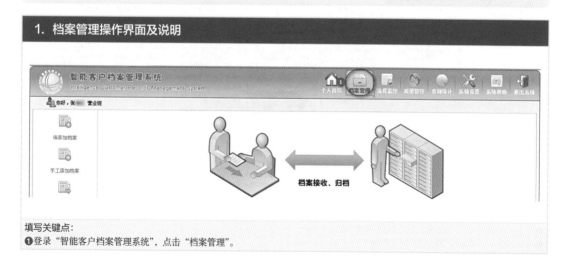

填写关键点：
❶登录"智能客户档案管理系统"，点击"档案管理"。

填写关键点：

❶点击"待添加档案"，在档案清单中勾选待添加档案，点击操作处"+"；

❷点击"确认"，添加到"待整理档案"界面。

填写关键点：
❶勾选"相关档案信息"，点击"保存"；
❷点击"多易拍拍照"。

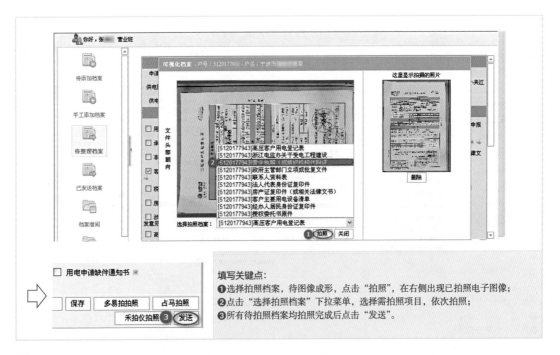

填写关键点：

❶选择拍照档案，待图像成形，点击"拍照"，在右侧出现已拍照电子图像；

❷点击"选择拍照档案"下拉菜单，选择需拍照项目，依次拍照；

❸所有待拍照档案均拍照完成后点击"发送"。

注意事项

√ 完善智能档案系统检索功能，若已有客户资料或资质证件尚在有效期内，则无需客户再次提供。

√ 高压客户提交原件资料的，拍照或扫描录入档案系统后，再根据"一户一档"的要求复印存档；提交复印件资料的，直接留存。

√ 对于同一申请用电主体，同时申请同一用电类别的多个业务时，只需对其中一个流程进行档案扫描录入，其他流程采取多户共享的形式执行。

（六）移交纸质资料

工作内容

√ 将客户所提交及填写的申请资料整理移交档案管理员进行资料建档。

二 现场勘查

本作业的主要内容包括：根据与客户预约的时间，按照"联合勘查，一次办结"的要求进行现场勘查；现场核实客户申请信息，了解生产工艺、负荷特性等相关情况，确定电源接入点，初步拟定供电方案。

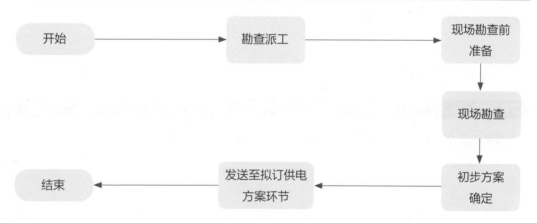

（一）勘查派工

班组长在接到勘查派工工单后，将流程分派给相应的客户经理接收。

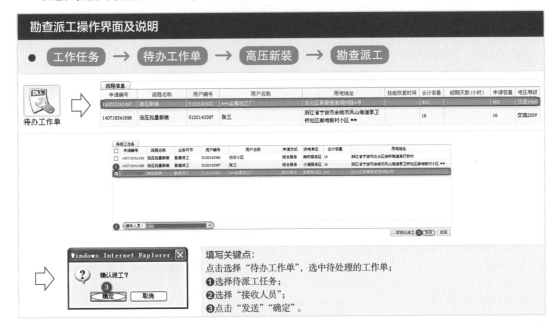

勘查派工操作界面及说明

● 工作任务 → 待办工作单 → 高压新装 → 勘查派工

填写关键点：
点击选择"待办工作单"，选中待处理的工作单；
❶选择待派工任务；
❷选择"接收人员"；
❸点击"发送""确定"。

Windows Internet Explorer

确认派工？

确定 取消

（二）现场勘查前准备

1. 查验客户报装申请资料

工作内容

√ 核查资料、信息的完整性，如存在问题应立即联系客户进行确认。

√ 了解、掌握客户的基本情况、供电需求、负荷特性等业扩报装基本信息。

2. 电源方案辅助设计

工作内容

√ 根据客户报装地址，搜索出符合条件的接入电网设备（杆塔、环网柜、开闭所、分支箱）。对线路的供电能力进行分析，确定接入设备后，编制供电方案草图，保存供电路径及电源点的矢量图，初步确定供电方式，将电源方案辅助设计同步进营销业务系统。

电源方案操作界面及说明

● 工作任务 → 待办工作单 → 高压新装 → 现场勘查 → 电源方案

勘查方案 | **电源方案** | 计费方案 | 计量方案 | 采集点方案 | 采集点勘查 | 受电设备方案 | 关联储备项目 | 意向接电日期 | 接线简图 | 用户用电资料 | 联系信息 | 发电机组方案 →

受电点方案 | **供电电源方案**

受电点方案

申请编号	用户编号	受电点标识	受电点名称	类型	电源数目	变更说明
		*** 受电点		变电站	单电源	新增

供电电源方案

受电点标识	受电点名称	电源编号	电源类型	电源相数	供电电压	供电容量	电源性质	变更说明	变电站名称	线路	台区

*电源类型：专变　　　*电源性质：主供电源　　　*供电电压：交流 110kV
变电站名称：　　　　线路：　　　　台区：
*进线方式：　　　　进线杆号：　　　　供电容量：5000　kW/kVA
*产权分界点：　　　　原有容量：　　　kW/kVA
*保护方式：　　　　运行方式：　　　　继电保护类型：
低压接线箱号：

电源备注：

模版应用　　　　　　　❶ 电源方案辅助设计 | 新增 | 拆除 | 保存 | 取消

填写关键点：
❶点击"电源方案辅助设计"，进入电源方案勘查界面。

43

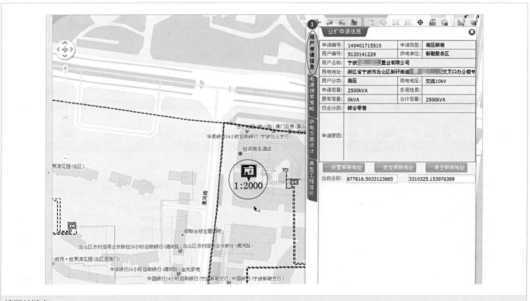

填写关键点：

❶了解客户报装地址及周边电网供电条件。

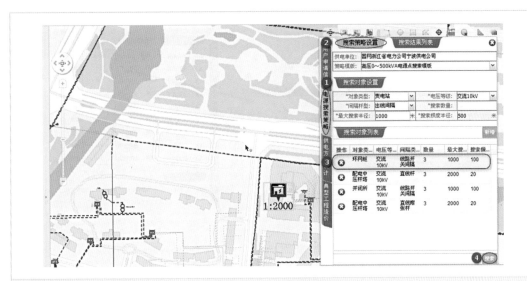

填写关键点：
❶电源点搜索：在电源方案勘查页面，点击"电源搜索策略"，进入电源搜索策略页面；
❷搜索对象设置：在电源搜索策略页面，点击"搜索策略设置"，进入搜索策略设置页面；
❸、❹搜索电源点：在"策略模板"里选择一个搜索对象模板，点击"搜索"。

填写关键点：
❶搜索完成后，搜索结果列表中的电源点可按"直线距离"由近及远排序；
❷点击"上级电源"，即弹出设备属性卡片，卡片中可查看线路可开放容量等信息。

3. 预约联系

工作内容

√ 与客户沟通确认现场勘查时间。

√ 预约时应充分考虑客户的合理需求，对客户咨询做好合理解释。

√ 根据事先的安排，协调、组织相关人员在约定的勘查时间至客户现场开展勘查工作。

√ 按照收资清单要求用户在现场提供资料。

预约客户

4. 打印勘查单

工作内容

√ 现场作业人员在实施现场勘查前，应打印"高压现场勘查单"。

5. 工器具准备

工作内容

√ 准备好安全帽、测距仪、照明工具、卷尺等。

安全帽　　　测距仪　　　照明工具

（三）现场勘查

1. 现场勘查的安全措施及注意事项

注意事项

√ 现场勘查工作至少两人共同进行，实行现场监护。

√ 进入客户设备运行区域，必须穿棉质工作服、戴安全帽，携带必要的照明器材。

√ 需攀登杆塔或梯子（临时楼梯）时，要落实防坠落措施，并在有效的监护下进行。

至少两人进行现场勘查

携带照明工具

49

注意事项

√ 工作人员应在客户电气工作人员的带领下进入工作现场，并在规定的工作范围内工作。

√ 不得在高空落物区通行或逗留。

√ 注意观察现场孔（洞）及锐物，人员相互提醒，防止踏空、扎伤。

客户带领进入作业现场

防止高空落物

防止摔伤

注意事项

√ 要求客户方进行现场安全交底，做到对现场危险点、安全措施等情况清楚了解。要求客户方或施工方在危险区域按规定设置警示围栏或警示标志。

√ 对有临时用电的客户，勘查人员应掌握带电设备的位置，与带电设备保持足够安全距离，注意不要误碰、误动、误登运行设备。严格监督带电设备与周围设备及工作人员的安全距离是否足够，不得操作客户设备。对客户设备状态不明时，均视为运行设备。

严禁进入危险区域

与带电设备保持足够安全距离

2. 客户信息现场核查

工作内容

√ 通过调查、核对，了解客户名称、用电地址、法定代表人、电气负责人、联系电话等是否与客户提供的申请资料对应。

√ 通过调查、核对，对照相关法律、法规，确认客户申请用电项目的合法性，内容包括：核对用电地址的国有资源使用、法人资格有效性及项目的审批及用电设备使用是否符合国家相关法律、法规的规定，等等。

√ 通过询问，了解该项目的投资情况、资金来源、发展前景及计划完工时间。

√ 通过询问，了解资金运作及信用情况，拟订客户电费支付保证措施实施的方式及可行性。

工作内容

√ 通过询问并结合客户提供的"高压客户主要用电设备清单",调查、核对客户有无冲击负荷、非对称负荷及谐波源设备。

- 非线性负荷的主要种类：
  - 换流和整流装置，包括电气化铁路、电车整流装置、动力蓄电池用的充电设备等。
  - 冶金部门的轧钢机、感应炉和电弧炉。
  - 电解槽和电解化工设备。
  - 大容量电弧焊机。
  - 大容量、高密度变频装置。
  - 其他大容量冲击设备的非线性负荷。

电气化铁路

电解槽

弧焊机

中频炉

- 非线性负荷的主要要求：
  - 客户应委托有资质的专业机构出具非线性负荷设备接入电网的电能质量评估报告。
  - 按照"谁污染、谁治理"和"同步设计、同步施工、同步投运、同步达标"的原则，在供电方案中明确客户治理电能质量污染的责任及相关要求。
  - 客户负荷注入公共电网连接点的谐波电压限值及谐波电流允许值应符合GB/T 14549—1993《电能质量 公用电网谐波》规定的限值。
  - 客户的冲击性负荷产生的电压波动允许值应符合GB/T 12326—2008《电能质量 电压波动和闪变》规定的限值。

工作内容

√ 通过询问，了解客户生产工艺、用电负荷特性、特殊设备对供电的要求等；对电力用户，应调查、了解高危及重要电力用户的重要负荷组成情况。

√ 重要电力用户的界定：

- 重要电力用户是指在国家或者一个地区（城市）的社会、政治、经济生活中占有重要地位，对其中断供电将可能造成人身伤亡、较大环境污染、较大政治影响、较大经济损失、社会公共秩序严重混乱的用电单位或对供电可靠性有特殊要求的用电场所。

- 重要电力用户认定一般由电力用户提出，经当地政府部门批准。

XX省重要电力用户等级申报表

户名		所属行业	
地址		申报等级	
申报理由	（需写明：1. 企业基本情况；2. 主要工艺流程和产品；3. 突发失电情况下产生的后果） 法人代表或授权代表签字：　　　　　单位盖章： 申报时间：　　年　　月　　日		
供电企业意见	盖章　　年　　月　　日		
信息部门意见	盖章　　年　　月　　日		

工作内容

√ 重要电力用户的分级
- 根据供电可靠性的要求以及中断供电危害程度，将重要电力用户分为特级、一级、二级和临时性重要电力用户。
  - 特级重要电力用户，是指在国家事务中具有特别重要作用，中断供电将可能危害国家安全的电力用户。
  - 一级重要电力用户，是指中断供电将产生下列后果之一的电力用户：
    （1）直接引发人身伤亡的；
    （2）造成严重环境污染的；
    （3）发生中毒、爆炸、火灾的；
    （4）造成重大政治影响的；
    （5）造成重大经济损失的；
    （6）造成较大范围社会公共秩序严重混乱的。
  - 二级重要电力用户，是指中断供电将可能产生下列后果之一的电力用户：
    （1）造成较大环境污染的；
    （2）造成较大政治影响的；
    （3）造成较大经济损失的；
    （4）造成一定范围社会公共秩序严重混乱的。
  - 临时性重要电力用户，是指需要临时特殊供电保障的电力用户。

工作内容

√ 通过询问，了解客户有无热泵、蓄能锅炉、冰蓄冷技术等设备的应用计划；了解客户用能设备是否具备电能替代条件，并推荐替代方案。

电能替代典型方案（热泵）

电能替代典型方案（港口岸电）

港口岸电电能替代技术典型案例

案例摘要

项目名称		船舶低压岸电电能替代项目	
投资单位	宁波港集团公司	技术类别	船舶岸电
业主单位	宁波港集团公司	竣工日期	2014年1月
投资模式	用户自主投资	项目投资（万元）	788
项目总收益（万元）	340	静态回收期（年）	3
年替代量（万千瓦时）	1100	年增加电费（万元）	840
年减少当地污染物排放量	减少排放二氧化碳800吨，二氧化硫7.38吨，氮氧化物2.15吨，1.54吨烟尘颗粒		

项目背景

宁波，位于东海之滨，是浙江省副省级城市，计划单列市。作为浙江的三大经济中心之一，宁波承担着浙江省乃至华东地区海运远洋贸易物流中心的重任。"十二五"规划以来，宁波大力发展港口经济，着力实施"港、桥、海"联动战略，发挥宁波港的国际大港优势，推动低碳纳头建设，把节能减排各项措施落实到码头生产、建设、运营等重点环节，采用新工艺，推广船舶接电技术、降低港口对煤炭、柴油等能源的消耗，循环利用可再生资源，鼓励使用清洁能源，做到港口生产运营过程低碳、低污染。

技术方案

项目分为码头岛低压岸电装置改造、船舶低压岸电改造两个部分。船舶接电方式为"先断电再通电"的方式。

(1)码头岛低压岸电装置改造。分为动力检修和岸电箱两部分。通过实地勘测，在北二集间1号岛和东渡进力检修箱、增设码头打增接岸电箱入电缆，电压等级400伏，频率50赫兹，增加岛级保护开关盒。根据船舶用电负载变化的情况，采用定时限和反时限双重保护，定时限设置时高值和短路进行快速保护，反时限时过流造成的保护。同时增加电计量装置，用于测量船舶的岸电用电量。

(2)岸电装置在码头岛，箱体采用不锈钢配红色反光绿，以增强船舶靠岸时的能见度；箱体采用8mm厚钢板底座，以防水力高压、防火双重"IP67插座"，这是海水潮流影响下船舶靠岸时码头不同朝向的供电需求。

(3)船舶低压改造。联合海运对船舶进行接电箱改造，增加为码头的岸电入箱满足不靠泊岸电电的需求。确保船舶具系机械式应送电保护和断电装置。岸电接入箱至码头岸电箱之间有足够定量的连接软电缆(100米)非船厂专用的工业级软电。设置一台岸电放电头，以保证船舶停靠在整个宁波港区内的任意位置均可通用连接。

项目实施

2010年6月低压岸电项目试点建设完成，其建设低压岸电点33个，投资近400万元。先期进行了三个月的试运行测试，取得了明显的运行效益（港区用电每1元/千瓦时（用电销售价格)），岸

电销售价格2元/千瓦时（港口自定价格)。试验期间自有船舶累计接电33艘次，累计接电时间211.8小时，用电5820度，成本约5900元，若使柴油辅机约3374.6千克，成本约21600元。自有船舶节约的成本约15700元。节支率达73%。看到如此显著的运行效益，宁波港集团主动进行后续岸电项目的推广应用。2013年完成了第二期项目23个岸电的投产建设。

项目效益

(1)简述项目年替代电量（新增电量)，新增电费收入，节约运行成本；
(2)简述项目环境效益，包含减少使用地污染物排放量。

1. 增供电量与节约成本
目前宁波港区共建设了岸电电点56个，全年接电船舶达5000艘次，累计增售电量的1100万千瓦时，增加电收入约840万元，节约的燃油成本340万元。

2. 项目环境效益
减少二氧化碳、硫氧化物等污染物排放达800吨，排放量减少90%以上，极大改善了港区试验点的空气质量，同时减少了船舶的振动及噪音污染，船员生活质量明显提高。

项目经验总结

(1)船舶岸电的推进工作需要政府部门的大力支持，研究制定我国岸电技术标准和统一的行业规范。当前港口企业供电设施建设标准层次不齐，现行的船舶电源类型五花八门，既有使用60赫兹的大型外轮，也有使用50赫兹的小型国轮，因此最终岛头分散靠泊的方法尤难整改，将大是船舶需要改成何种标准存在一定定论。往往全出现甩头具备岸电接入条件，但船舶电器不匹配；船舶配置了岸电装置，但码头没有岸电接口；船舶在A港可以岸电接入岸电接口，但无法适用岛头岸电口等多种问题。政府需门应尽快制定相应的实施办法，使个体行为上升到集体行为，企业行为上升到国家行为，乃至自愿行为上升为强制行为，分阶段、分步骤、分层次推进岸电推广工作。

(2)岸电前期投入资金大回收慢。对于低压岸电项目，每个岸电点(300千伏安以内)投资成本约为15万元左右，一般回报期为3~5年，这个岸电的投入较靠前，企业自身可能接受，但高压岸电投入较资金巨大，每套系统(2000千伏安以内)成本约600万~800万元，鉴于目前缺实现高压岸电接入的超大型次到次到港停靠时不固定，导致岸电每年少于10小时以上甚至更长。

(3)节能减排暂时标准准不准确。环境保护工作目前尚不涉及船舶岸电等这类移动源，其排放量既没有国家层面规范的统计、检测，也没有明确绿绿量计入码头所在地或是港口企业的污染物排量中。

示范效应

在三年多的试运行过程中，低压岸船舶岸电技术供电稳定，无漏电、跳闸现象发生，操作简单、插拔电流度快且不影响船舶靠岸，码头石油类能源消耗和岛舶岸电技术的应用得以顺利实施，受到期船泊到位的肯定。基于该技术实用性强、前景十分广阔，有典型的电能替代示范宣传价值，宁波正有计划地推广、运行船舶岸电技术。

项目推广前景

电力替代项目空间巨大，但需要不断挖掘，不仅要做好优质服务，还要真正站在企业角度，为企业参谋策划，在让业主真正收益的同时，推进电能替代，开拓电力市场。

注意事项

√ 发现实际信息与客户申请信息不相符，应按照实际情况予以修改。

√ 现场勘查发现客户申请情况不符合国家法律法规相关规定时，应向客户做好说明解释，在勘查工作单中记录相关问题，并由客户签字确认，结束流程。待客户具备办理条件后重新申请业务办理。

√ 对供电可靠性有特殊要求的客户，建议采用专线、双电源或配置自备电源等方式，以满足供电可靠性要求。

√ 勘查人员应提醒客户提前准备"承诺书"中约定在其他时间或其他环节提供的缺件资料。

3. 初步方案确定

（1）客户受电点确定

工作内容

√ 现场了解、核查客户
用电地址待建（已建）
建筑物对系统网架及
电网规划等是否造成
影响。

√ 现场核查、确认客户
的用电负荷中心；通
过查看建筑总平面图、
变配电设施设计资料
等方式，初步确定变
（配）电站的位置。

工作内容

√ 通过询问及查看建筑设施设计资料，了解变（配）电站或主设备附近有无影响设备运行或安全生产的设施及与周边建筑的距离，确认初步确定的变（配）电站与周边建筑的距离是否符合要求。

- 变电站位置的选择，应根据下列要求经技术、经济比较决定：
  - 接近负荷中心；
  - 进出线方便；
  - 接近电源侧；
  - 设备运输方便；
  - 不应设在有剧烈震动或高温的场所；
  - 不宜设在多尘或有腐蚀性气体的场所，当无法远离时，不应设在污染源盛行风向的下风侧；
  - 不应设在厕所、浴室、或其他经常积水场所的正下方，且不宜与上述场所相贴邻；
  - 不应设在有爆炸危险环境的正上方或正下方，且不宜设在有火灾危险环境的正上方或正下方，当与有爆炸或火灾危险环境的建筑物毗连时，应符合现行国家标准GB 50058—2014《爆炸危险环境电力装置设计规范》的规定；
  - 不应设在地势低洼和可能积水的场所。

（2）受电容量的确定

工作内容

√ 通过调查、核对，了解客户近期及远期的实际用电设备装机容量、设备使用的同时率、单机设备最大容量及启动方式、自然功率因数等用电设备状况。

√ 通过调查、核对，了解客户用电设备的实际分布及综合使用情况。

√ 根据客户的综合用电状况，了解主设备（主要指配电变压器、高压电机）的数量、分布状况，初步确定客户的总受电容量。

注意事项

√ 对符合容量开放条件的，勘查人员当场答复供电方案。对接入受限的，原则采用"先接入、后改造"方式确定供电方案，并同步抄送运检部门纳入电网受限负面清单进行整改。

（3）供电电压的确定

工作内容

√ 对照相关标准，根据客户用电地址、初定的总受电容量、用电设备对电能质量的要求、用电设备对电网的影响、周边电网布局，结合电网的近远期规划，初定客户的供电电压。

- 供电额定电压：
  - 低压供电：单相为220伏、三相为380伏。
  - 高压供电：10、35、110、220、330、500千伏。
- 供电电压等级的一般原则：
  - 客户的供电电压等级应根据当地电网条件、客户分级、用电最大需量或受电设备总容量，经过技术经济比较后确定。除有特殊需要，供电电压等级一般可参照下表确定。

供电电压等级	用电设备容量	受电变压器总容量
220伏	10千瓦及以下单相设备	
380伏	100千瓦及以下	50千伏安及以下
10千伏		50千伏安 ~ 10兆伏安
35千伏		5兆伏安 ~ 40兆伏安
110千伏		20兆伏安 ~ 100兆伏安
220千伏		100兆伏安及以上

注 1. 无35千伏电压等级的，10千伏电压等级受电变压器总容量为50千伏安 ~ 15兆伏安。

　　2. 供电半径超过本级电压规定时，可按高一级电压供电。

（4）供电电源及自备应急电源配置的确定

供电电源配置的一般原则

√ 供电电源应依据客户的负荷等级、用电性质、用电容量及当地供电条件等因素进行技术经济比较，与客户协商确定。

- 特级重要电力用户应具备三路及以上电源供电条件，至少有两路电源来自两个不同的变电站，且具有不同的供电路径，当任何两路电源发生故障时，第三路电源能保证独立正常供电。

- 一级重要电力用户具备两路电源供电条件，两路电源应当来自两个不同的变电站或来自不同电源进线同一个变电站内两段母线，且具有不同的供电路径，当一路电源发生故障时，另一路电源能保证独立正常供电；二级重要电力用户具备双回路供电条件，供电电源可以来自同一个变电站的不同母线段。

- 临时性重要电力用户按照用电负荷重要性，在条件允许情况下，可以通过临时架线等方式满足双电源或多电源供电要求。

- 双电源、多电源供电时宜采用同一电压等级电源供电。

- 对普通电力用户可采用单电源供电。

- 根据客户分级和城乡发展规划，选择采用架空线路、电缆线路或架空–电缆线路供电。

注意事项

√ 重要电力用户应配置自备应急电源及非电性质的保安措施。非电性质的保安措施应符合客户的生产特点、负荷特性，满足无电情况下保证客户安全的需要。

√ 为充分利用配电网间隔资源，应合理控制用户专线数量。电缆网中，用户配电室应经环网单元接入公用电网。

- 10千伏客户接入方式分为专线接入和公用线接入。
  - 10千伏专线接入：用电设备总容量在8000千伏安及以上的客户宜采用专线接入方式。
  - 10千伏公用线接入：用电设备总容量在8000千伏安以下的客户宜接入公用线或客户综合线。

供电电源点确定的一般原则

√ 电源点应具备足够的供电能力，能提供合格的电能质量，以满足用户的用电需求；在选择电源点时应充分考虑各种相关因素，确保电网和用户端用电设备的安全运行。

√ 根据客户的负荷性质和用电需求，确定电源点的回路数和种类。

√ 根据城市地形、地貌和道路规划和电网规划的要求，就近选择电源点。路径应短捷顺直，减少与道路交叉，避免近电远供、迂回供电。

√ 对多个可选的电源点，优先考虑带电作业，并进行技术经济比较后确定。

自备应急电源确定的一般原则

√ 自备应急电源配置容量应至少满足全部保安负荷正常供电的需要，有条件的可设置专用应急母线。

√ 自备应急电源的切换时间、切换方式、允许停电持续时间和电能质量应满足客户安全要求。

√ 客户的自备应急电源与电网电源之间应装设可靠的电气或机械闭锁装置，防止倒送电。

（5）产权分界点确定

工作内容

√ 对有受电工程的，应按照产权分界划分的原则，确定双方工程建设出资界面。

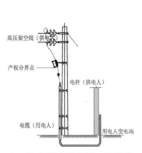

高压架空线路供电的，资产分界点为：用户进线电缆与杆上跌落式熔断器下桩头搭接处。

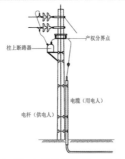

高压架空线路供电的，资产分界点为：用户进线电缆与杆上隔离开关下桩头搭接处。

采用电缆线路供电的，资产分界点为：用户进线电缆与户外环网出线开关下桩头搭接处。

专线用户的资产分界点为：用户进线电缆与变电站间隔出线开关下桩头搭接处。

注意事项

√ 产权分界点至负荷侧属用电人产权，产权分界点属供电人产权。双方各自承担其产权范围内供用电设施的运行维护管理责任，并承担各自产权范围内供用电设施上发生事故等引起的法律责任。

（6）电气主接线及运行方式的确定

工作内容

√ 确定电气主接线的一般原则：

- 根据进出线回路数、设备特点及符合性质等条件确定。
- 满足供电可靠、运行灵活、操作检修方便、节约投资和便于扩建等要求。
- 在满足可靠性要求的条件下，宜减少电压等级和简化接线。

√ 电气主接线的主要型式：

- 单母线、单母线分段、双母线、线路变压器组。

√ 客户运行方式的确定：

- 一级重要电力用户可采用以下运行方式：
  - 两回及以上进线同时运行互为备用；
  - 一回进线主供、另一回路热备用。
- 二级重要电力用户可采用以下运行方式：
  - 两回及以上进线同时运行；
  - 一回进线主供、另一回路冷备用。
- 普通电力用户可采用单电源直接运行。
- 不允许出现高压侧合环运行的方式。

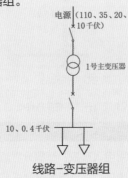

线路–变压器组

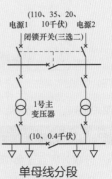

单母线分段

（7）计费方式的确定

工作内容

√ 根据客户用电设备实际使用情况，客户的用电负荷性质、客户的行业分类，对照国家的电价
政策，初步确定客户受电点的计费方案。

电价类别	适用范围
居民生活用电	1. 城乡居民住宅用电及城乡居民住宅小区公用附属设施用电（不包括生产、经营活动用电）
	2. 学校教学和学生生活用电，不含各类经营性培训机构
	3. 社会福利场所生活用电
	4. 宗教场所生活用电
	5. 城乡社区居民委员会服务设施用电及监狱监房生活用电
	6. 不纳入城镇污水管网的农村污水微动力处理设施用电以及农村生活垃圾资源化处理设施用电
大工业用电	1. 以电为原动力，或以电冶炼、烘焙、熔焊、电解、电化的一切工业生产，且受电变压器容量在315千伏安（含不通过受电变压器的高压电动机）及以上的用电，以及符合上述容量规定的电气化铁路牵引用电、自来水厂用电、污水处理厂及其泵站用电、船舶修理厂用电，自来水厂用电和污水处理厂及其泵站用电是否执行分时电价由用户自行选择
	2. 符合上述容量规定的中小化肥用电
	3. 符合上述容量规定的电解铝生产用电
	4. 符合上述容量规定的氯碱生产用电

续表

电价类别	适用范围
一般工商业及其他用电	1. 普通工业用电：以电为原动力，或以电冶炼、烘焙、熔焊、电解、电化的一切工业生产，且受电变压器容量在315千伏安（含不通过受电变压器的高压电动机）以下或低压受电的用电，以及符合上述容量规定的自来水厂用电、污水处理厂及其泵站用电、船舶修理厂用电，是否执行分时电价由用户自行选择
	2. 符合上述容量规定的中小化肥用电
	3. 商业用电指从事商品交换、提供有偿服务等非公益性场所的用电，主要包括：服务业、商品销售业、文化娱乐、健身、休闲业 、金融交易业、商务服务业、电信和其他信息传输服务业、其他服务业
	4. 非工业用电，主要包括：机关、事业单位、社会团体、医院、研究机构、宗教场所等用电；铁道、地铁、邮政、管道输送、航运、电车、电视、广播、仓库（仓储）、码头、车站、停车场、飞机场、下水道、路灯、广告（牌、箱）、体育场（馆）、市政公共设施、公路收费站、农贸市场等用电；临时施工用电；邮政、自来水、管道煤气（天然气）、有线电视等单位的营业厅用电；部队、狱政用电
	5. 除居民生活用电、大工业用电、农业生产用电外的其他用电，均执行一般工商业及其他用电价格
农业生产用电	1. 农业、林木培育和种植、畜牧业、渔业生产用电
	2. 农业灌溉用电
	3. 农业服务业中的农产品初加工用电；其他农、林、牧、渔服务业用电和农副食品加工业用电不执行农业生产用电价格
	4. 通过农村排灌电力线路供电的农村饮水安全工程供水用电
	5. 海水淡化用电

注　表中电价分类及适用范围为浙江省现行电价标准。

（8）电能计量的确定

工作内容

√ 电能计量点原则上应设置在供电设施与受电设施的产权分界处。

√ 高压供电的客户，宜在高压侧计量；但对10千伏供电且容量在315千伏安及以下、35千伏供电且容量在500千伏安及以下的，高压侧计量确有困难时，可在低压侧计量，即采用高供低计方式。

√ 有两路及以上线路分别来自不同供电点或有多个供电点的客户，应分别装设电能计量装置。

√ 客户一个受电点内不同电价类别的用电，应分别装设电能计量装置。

√ 有送、受电量的地方电网和有自备电厂的客户，应在并网点上装设送、受电能计量装置。

√ 接入中性点绝缘系统的电能计量装置，宜采用三相三线接方式；接入中性点非绝缘系统的电能计量装置，应采用三相四线接线方式。

√ 各类电能计量装置配置的电能表、互感器的准确度等级应不低于下表所示值。

容量范围	电能计量装置类别	准确度等级			
		有功电能表	无功电能表	电压互感器	电流互感器
$S \geqslant 10000$千伏安	I	0.2S或0.5S	2.0	0.2	0.2S
10000千伏安>$S \geqslant 2000$千伏安	II	0.5S或0.5	2.0	0.2	0.2S
2000千伏安>$S \geqslant 315$千伏安	III	1.0	2.0	0.5	0.5S
$S < 315$千伏安	IV	2.0	3.0	0.5	0.5S
单相供电（$P < 10$千瓦）	V	2.0	—	—	0.5S

（9）无功补偿装置的配置

工作内容

√ 无功补偿装置的配置原则：

- 无功电力应分层分区、就地平衡。客户应在提高自然功率因数的基础上，按有关标准设计并安装无功补偿设备。
- 为提高客户电容器的投运率，并防止无功倒送，宜采用自动投切方式。

√ 功率因数要求：

- 100千伏安及以上高压供电的电力客户，在高峰负荷时的功率因数不宜低于0.95；其他电力客户和大中型电力排灌站、趸购转售电企业，功率因数不宜低于0.90；农业用电功率因数不宜低于0.85。

√ 无功补偿容量的计算：

- 电容器的安装容量，应根据客户的自然功率因数计算后确定。
- 当不具备设计计算条件时，电容器安装容量的确定应符合下列规定：
  - 35千伏及以上变电站可按变压器容量的10%~30%确定；
  - 10千伏变电站可按变压器容量的20%~30%确定。

（10）继电保护

工作内容

√ 继电保护方式配置

- 客户在变电站中的电力设备和线路，应装设反应短路故障和异常运行的继电保护和安全自动装置，满足可靠性、选择性、灵敏性和速动性的要求。
- 客户变电站中的电力设备和线路的继电保护应有主保护、后备保护和异常运行保护，必要时可增设辅助保护。
- 10千伏及以上变电站宜采用数字继电保护装置。
- 继电保护和自动装置的设置应符合GB/T 50062—2008《电力装置的继电保护和自动装置设计规范》GB/T 14285—2006《继电保护和安全自动装置技术规程》的规定。
- 进线保护的配置应符合以下规定：
  - 10千伏进线装设速断或延时速断、过电流保护。对小电阻接地系统，宜装设零序保护。
- 主变压器保护的配置应符合下列规定：
  - 容量在0.4兆伏安及以上车间内油浸变压器和0.8兆伏安及以上油浸变压器，均应设置瓦斯保护。其余非电量保护按照变压器厂家要求配置。
  - 电压在10千伏及以下、容量在10兆伏安及以下的变压器，采用电流速断保护和过电流保护分别作为变压器主保护和后备保护。

（11）电力调度管理

工作内容

√ 需要实行电力调度的客户：

- 受电电压在10千伏及以上的专线供电客户。
- 有多路电源供电、受电装置的容量较大且内部接线复杂的客户。
- 有两回路及以上的线路供电，并有并路倒闸操作的客户。
- 有自备电厂并网的客户。
- 重要电力客户或对供电质量有特殊要求的客户等。

（12）填写"高压现场勘查单"

工作内容

√ 完成"高压现场勘查单"的相关内容的填写工作，为客户供电方案的拟订做好必要的准备工作。

高压现场勘查单（示例）

1. 核查户名、联系人、用电地址等客户基本信息。

2. 核定申请用电类别、申请行业分类、申请用电容量、供电电压等情况，选是打"√"，选否打"√"并在后面修改新的用电类别、行业分类。

3. 核定用电容量：按实际用电容量填写。

4. 受电点建设类型：选择箱式变、配电站等。

5. 变压器建议类型：选择 S11－M、SCB10等节能型。

6. 接电点描述：××线路××号杆 、××线路××环网站（开闭所）××间隔。

7. 线路敷设方式及路径：根据实际敷设方式填写。

8. 供电简图：按现场实际情况绘制。

9. 勘查人（签名）：按实际现场勘查人签名。

10. 勘查日期：按实际填写。

（四）录入营销业务系统

1. 勘查方案操作界面及说明

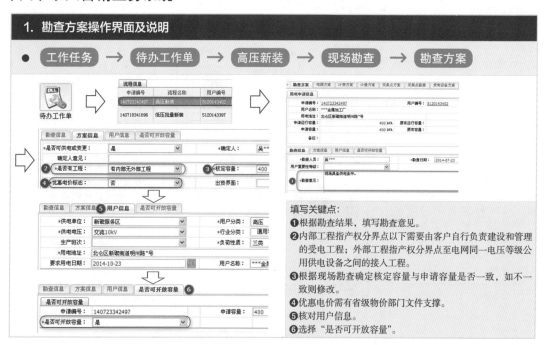

填写关键点：

❶根据勘查结果，填写勘查意见。

❷内部工程指产权分界点以下需要由客户自行负责建设和管理的受电工程；外部工程指产权分界点至电网同一电压等级公用供电设备之间的接入工程。

❸根据现场勘查确定核定容量与申请容量是否一致，如不一致则修改。

❹优惠电价需有省级物价部门文件支撑。

❺核对用户信息。

❻选择"是否可开放容量"。

2. 电源方案操作界面及说明

● 工作任务 → 待办工作单 → 高压新装 → 现场勘查 → 电源方案

填写关键点：
❶ "类型"根据现场勘查确定变电站、配电房或箱变等；
❷ 多电源用户需填写"电源切换方式""电源联锁方式""电源联锁装置位置"；
❸ 自备应急电源配置容量应至少满足全部保安负荷正常供电的需要；
❹ 核对受电点方案信息，然后点击"保存"。

电力营销 一线员工作业一本通　业扩报装

工作任务 → 待办工作单 → 高压新装 → 现场勘查 → 电源方案

填写关键点：
❶电源类型：选择专变、专线。线路：点击选择确定的供电线路。进线方式：架空、电缆直埋、电缆架空、电缆管井等方式。产权分界点：按照《供电营业规则》第四十七条规定选择。保护方式：根据电网保护配置情况和用户需要确定。
❷核对供电电源方案信息，然后点击"保存"。
❸多电源用户点击"新增"选择备用电源、保安电源并逐条录入相关信息，选择运行方式为一主一备、两路常供、互为备用等。

3. 计费方案操作界面及说明

● 工作任务 → 待办工作单 → 高压新装 → 现场勘查 → 计费方案

填写关键点：

❶定价策略类型：大工业客户选择两部制，符合大工业用电容量规定的商业客户，可选择两部制，其他选择单一制。基本电费计算方式：两部制电价客户应选择按容量或按需量，需量值根据客户申请核定，但不得低于用电容量的40%。功率因数考核方式：临时用电、100千伏安以下客户不考核，其他选择标准考核。

❷填写客户定价策略方案信息，核对完成后点击"保存"。

❸电价行业类别：主电价与行业类别统一。是否执行峰谷标志：根据省级物价部门电价文件确定执行电价及是否执行峰谷标志。功率因数标准：参照国家物价局（83）水电财字第215号文件《功率因数调整电费办法》执行。

❹填写客户电价方案信息，核对完成后点击"保存"。

電力营销 一线员工作业一本通 业扩报装

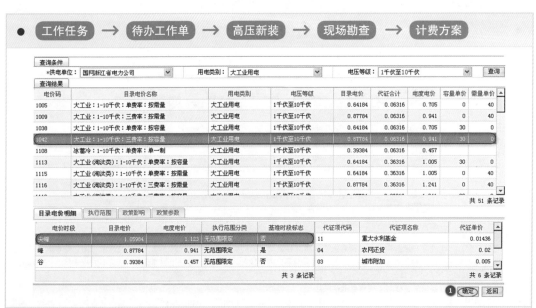

工作任务 → 待办工作单 → 高压新装 → 现场勘查 → 计费方案

查询条件

*供电单位：国网浙江省电力公司 ▼　　用电类别：大工业用电 ▼　　电压等级：1千伏至10千伏 ▼　[查询]

查询结果

电价码	目录电价名称	用电类别	电压等级	目录电价	代征合计	电度电价	容量单价	需量单价
1005	大工业：1~10千伏：单费率：按需量	大工业用电	1千伏至10千伏	0.64184	0.06316	0.705	0	40
1009	大工业：1~10千伏：三费率：按需量	大工业用电	1千伏至10千伏	0.87784	0.06316	0.941	0	40
1038	大工业：1~10千伏：单费率：按容量	大工业用电	1千伏至10千伏	0.64184	0.06316	0.705	30	0
1042	大工业：1~10千伏：三费率：按容量	大工业用电	1千伏至10千伏	0.87784	0.06316	0.941	30	0
1108	冰蓄冷：1~10千伏：单费率：单一制	大工业用电	1千伏至10千伏	0.39384	0.06316	0.457		
1113	大工业(淘汰类)：1~10千伏：单费率：按容量	大工业用电	1千伏至10千伏	0.64184	0.36316	1.005	30	0
1115	大工业(淘汰类)：1~10千伏：单费率：按需量	大工业用电	1千伏至10千伏	0.64184	0.36316	1.005	0	40
1116	大工业(淘汰类)：1~10千伏：三费率：按需量	大工业用电	1千伏至10千伏	0.87784	0.36316	1.241	0	40

共 51 条记录

目录电价明细　执行范围　政策影响　政策参数

电价时段	目录电价	电度电价	执行范围分类	基准时段标志	代征项代码	代征项名称	代征单价
尖峰	1.05984	1.123	无范围限定	否	11	重大水利基金	0.01436
峰	0.87784	0.941	无范围限定	是	04	农网还贷	0.02
谷	0.39384	0.457	无范围限定	否	03	城市附加	0.005

共 3 条记录　　　　　　　　　　　　　　　　　共 6 条记录

❶ [确定] [返回]

填写关键点：
❶在弹出的界面中选择执行电价，点击"确定"。

4. 计量方案操作界面及说明

● 工作任务 → 待办工作单 → 高压新装 → 现场勘查 → 计量方案

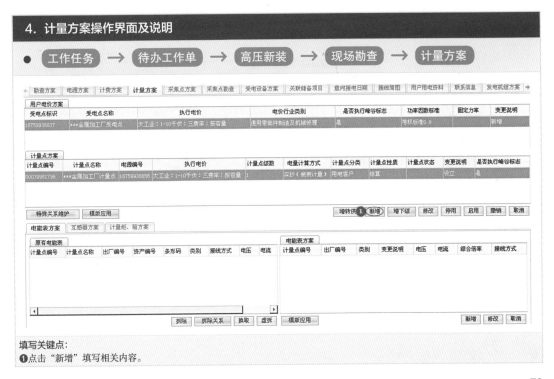

填写关键点：
❶点击"新增"填写相关内容。

● 工作任务 → 待办工作单 → 高压新装 → 现场勘查 → 计量方案

计量点基本信息 ❶

*计量点编号:	00039981796		*计量点名称:	***金属加工厂计量点	
*计量点分类:	用电客户		*计量点性质:	结算	*主用途类型: 售电侧结算
计量点地址:	北仑区新碶街道明州路 *号				
*计量方式:	高供高计		线路:	H472\崎北H472线	台区: 0001883405***金属加工厂
*接线方式:	三相三线		*是否安装终端:	是	负控地址码:
*是否具备装表条件:	是		装表位置:		
*计量点容量:	400	kW	*电压等级:	交流10kV	*电能计量装置分类: III类计量装置
*计量点所属侧:	用户侧		抄表顺序号:		变更说明: 设立

计量点计费信息 ❷

*电量计算方式:	实抄（装表计量）	定量定比值:		*定比扣减标志:	否
执行顺序:	0	*变损分摊标志:	否	变损分摊协议值:	
*变损计费标志:	否	*线损分摊标志:	否	线损分摊协议值:	
*线损计算方式:	不计算	有功线损计算值:		无功线损计算值:	
*线损计费标志:	否	PT有功加损:		PT无功加损:	
*电价名称:	大工业：1-10千伏：三费率：按容量		*是否执行峰谷标志:	是	
是否可停电:					

选台区   ❸ 保存 返回

填写关键点：

❶计量点基本信息。

计量方式：受电容量315千伏安以上或多台变压器采用高供高计，其他可采用高供低计。接线方式：高供低计采用三相四线，高供高计采用三相三——电能计量装置分类：根据DL/T 448—2000《电能计量装置技术管理规程》选择Ⅰ~Ⅴ类计量装置。

❷计量点计费信息。

变损参数：高供低计客户选择"是"，其余客户选"否"。线损参数：表计安装位置与产权分界点一致的选"否""不计算"，反之选"是"并填写有功线损计算值。定量定比值：若存在定量定比的核实该值是否与实际相符。核对客户计量点容量、电压等级、线路、台区、电价。

❸核对计量点方案信息，点击"保存"。

工作任务 → 待办工作单 → 高压新装 → 现场勘查 → 计量方案

原有电能表

计量点编号	计量点名称	出厂编号	资产编号	条形码	类别	接线方式	电压	电流

电能表方案

计量点编号	出厂编号	类别	变更说明	电压	电流	综合倍率	接线方式

拆除　拆除关系　换取　虚拆　模版应用　　　　　　　❶ 新增　修改　取消

电能表方案　计量点电能表关系方案

计量点编号：00039981796	*电压：3x220/380V	*电流：1.5(6)A
❷ *类别：智能表	类型：电子式-多功能单方向远程费控智能电能表(工商业25)无功：四象限独立计量	
*接线方式：三相四线	*是否参考表：否	有功准确度等级：
通讯方式：	卡表跳闸方式：	无功准确度等级：
通讯规约：	载波中心频率：	载波芯片厂商：
载波频率范围：	载波类型：	

执行电价：大工业：1-10千伏；三费率：按容量

示数类型 ❸

计量点用途：售电侧结算

☑ 有功(总)　　　　☑ 有功(尖峰)　　　　☑ 有功(峰)　　　　☐ 有功(平)

☑ 有功(谷)　　　　☑ 无功(Q1象限)　　　☑ 无功(Q4象限)　　☐ 最大需量

保存　返回

填写关键点：

❶点击"计量方案"→"电能表方案"，点击"新增"进行参数设置并"保存"。

❷表计选择：高供高计采用三相三线［额定电压3×100V，额定电流1.5（6）安］、量电电压为20千伏或110千伏及以上。采用三相
四线［额定电压3×57.7/100伏，额定电流1.5（6）安］；其他表计采用三相四线（额定电压3×380/220伏）。

❸示数类型：根据客户实际执行分时电价、功率因数考核情况选择相应的示数类型；如按需量结算基本电费的还需选择"最大需量"。

81

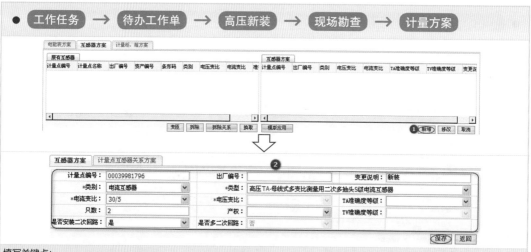

填写关键点：

❶点击"计量方案"→"互感器方案"，点击"新增"进行参数设置并"保存"。

❷互感器类型。

　电流互感器：按照规定要求选择；电流变比，一次线圈额定电流（安）/二次线圈额定电流（安）；只数，根据电流互感器类型和接线方式选择。

　电压互感器：按照规定要求选择；电压变比，一次线圈额定电压（伏）/二次线圈额定电压（伏）；只数，根据电压互感器类型和接线方式选择。

　准精度等级：根据 DL/T 448—2000《电能计量装置技术管理规程》选择。

5. 采集点方案操作界面及说明

● 工作任务 → 待办工作单 → 高压新装 → 现场勘查 → 采集点方案

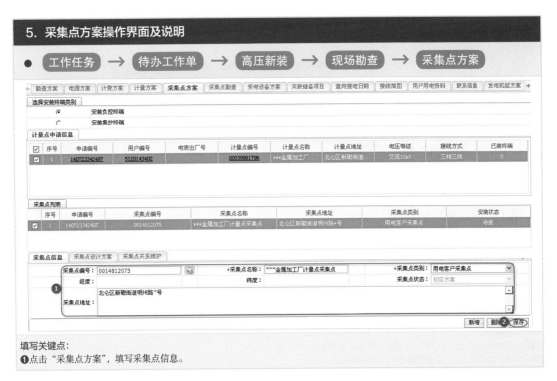

填写关键点：
❶点击"采集点方案"，填写采集点信息。

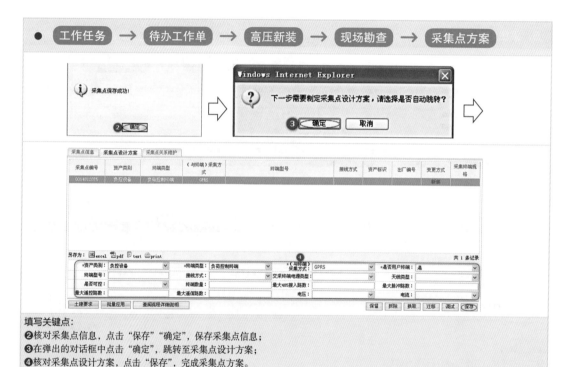

工作任务 → 待办工作单 → 高压新装 → 现场勘查 → 采集点方案

填写关键点：
❷核对采集点信息，点击"保存""确定"，保存采集点信息；
❸在弹出的对话框中点击"确定"，跳转至采集点设计方案；
❹核对采集点设计方案，点击"保存"，完成采集点方案。

6. 受电设备方案操作界面及说明

● 工作任务 → 待办工作单 → 高压新装 → 现场勘查 → 受电设备方案

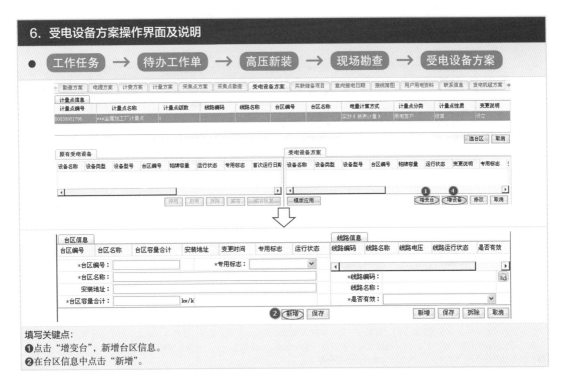

填写关键点：

❶点击"增变台"，新增台区信息。

❷在台区信息中点击"新增"。

工作任务 → 待办工作单 → 高压新装 → 现场勘查 → 受电设备方案

受电设备 ❸

*台区编号:	0001883915
*台区名称:	***金属加工厂
变更说明:	新装
*设备类型:	变压器
*设备名称:	1#变
安装地址:	
*运行状态:	运行
*铭牌容量:	400 kW/
*主备性质:	主用
*专用标志:	专变
*保护方式:	过负荷保护
*冷却方式:	油浸自冷
*变损算法标志:	不计算
变损编号:	
有功变损协议值:	
无功变损协议值:	
电气主接线方式:	单母线
*接线组别:	Dyn11
*一次侧电压:	交流10kV
*二次侧电压:	交流380V
低压中性点接地标:	
试验日期:	2014-07-31
试验周期:	个月
接地电阻:	

台区信息

台区编号	台区名称	台区容量合计	安装地址	变更时间	专用标志	运行状态
0001883915	***金属加工厂	400		2014-07-31	专变	运行

*台区编号: 0001883915　*专用标志: 专变
*台区名称: ***金属加工厂
安装地址:
*台区容量合计: 400 kw/k

线路信息

线路编码	线路名称	线路电压	线路运行状态	是否有效

*线路编码:
线路名称:
*是否有效:

新增　保存　　　　　新增　保存　拆除　取消

填写关键点:
❸填写台区信息，核对无误后点击"保存"，成功新增台区信息。
　设备类型：选择变压器或高压电动机。主备性质：多电源用户选择主供或备供。铭牌容量：具有一、二级负荷或高危重要客户的变电站，当其中任一台变压器断开时，其余变压器的容量应满足一、二级负荷的用电。变损算法标志：高供高计客户选择"不计算"，其他选择"按标准公式"，同时选择对应变损编号。接线组别、一次侧电压、二次侧电压按照实际情况填写。
❹如有多台设备点击"增设备"，逐台录入相关信息并保存。

● 工作任务 → 待办工作单 → 高压新装 → 现场勘查 → 受电设备方案

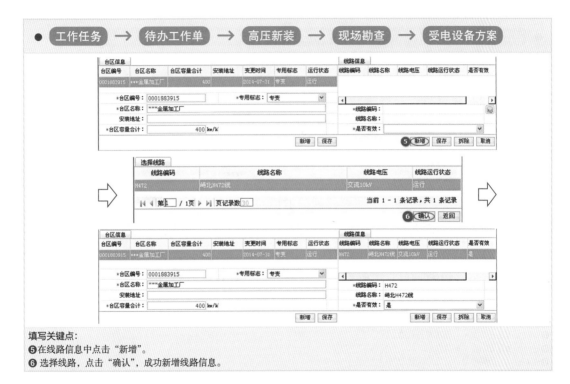

填写关键点：

⑤在线路信息中点击"新增"。

⑥选择线路，点击"确认"，成功新增线路信息。

● 工作任务 → 待办工作单 → 高压新装 → 现场勘查 → 受电设备方案

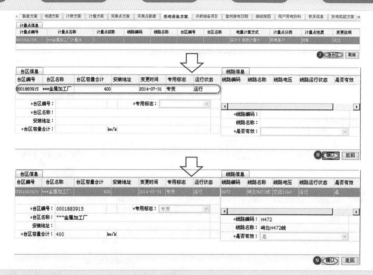

填写关键点：

❼在"受电设备方案"界面中点击"选台区"。

❽选择新台区，点击"确认"。

❾核对台区与线路信息，点击"确认"。

7. 方案发送操作界面及说明

● 工作任务 → 待办工作单 → 高压新装 → 现场勘查 → 勘查方案

1 勘查方案 | 电源方案 | 计费方案 | 计量方案 | 采集点方案 | 采集点勘查 | 受电设备方案 | 关联储备项目 | 意向接电日期 | 接线简图 | 用户用电资料 | 联系信息 | 发电机组方案 →

用电申请信息

申请编号:	140723342497		用户编号:	5120143402		业务类型:	高压新装-高压新装
用户名称:	***金属加工厂					受理时间:	2014-07-23 16:19:33
用电地址:	北仑区新碶街道明州路"号					受理部门:	营业班
申请运行容量:		400 kVA	原有运行容量:		0 kVA	合计运行容量:	400 kVA
申请容量:		400 kVA	原有容量:		0 kVA	合计容量:	400 kVA
备注:							

勘查信息 | 方案信息 | 用户信息 | 是否可开放容量

*勘查人员:	吴***		*勘查日期:	2014-07-23		*有无违约用电行为:	无
用户重要性等级:							
*勘查意见:	现场具备供电条件。						

会议通知 | 编辑方案答复单 | 打印方案答复单 | 违约用电 　　　　　　　　　　　　 多次勘查 | 批量打印 | 打印 **2** 发送 | 返回

⇨

ⓘ 申请编号【140723342497】已经发送到:拟定供电方案 环节, 营业班 部门处理!

2
确定

填写关键点:
❶ 点击"勘查方案",返回勘查方案界面;
❷ 在弹出的对话框中点击"确定",现场勘查系统录入环节全部结束。

☰ 拟定供电方案

> 本作业的主要内容包括：核查勘查信息、编辑供电方案答复单、确定业务费用、供电方案复核。

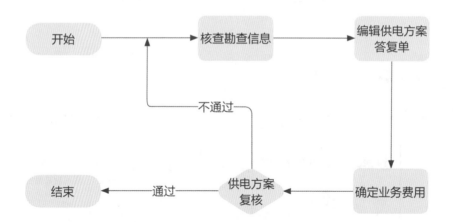

（一）编辑方案答复单

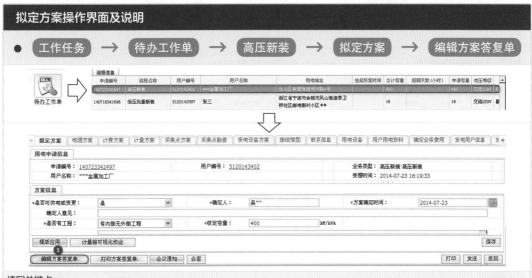

拟定方案操作界面及说明

● 工作任务 → 待办工作单 → 高压新装 → 拟定方案 → 编辑方案答复单

填写关键点:

点击选择"待办工作单",选中待处理的工作单。

❶核对"电源方案""计费方案""计量方案""采集点方案""受电设备方案"等现场勘查信息,确认无误后点击"编辑方案答复单"。

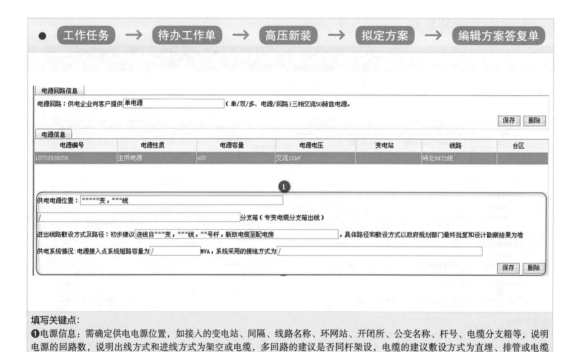

填写关键点：

❶电源信息：需确定供电电源位置，如接入的变电站、间隔、线路名称、环网站、开闭所、公变名称、杆号、电缆分支箱等，说明电源的回路数，说明出线方式和进线方式为架空或电缆，多回路的建议是否同杆架设，电缆的建议敷设方式为直埋、排管或电缆沟，并根据规划建议走径。

工作任务 → 待办工作单 → 高压新装 → 拟定方案 → 编辑方案答复单

客户受电系统方案 ❶

运行方式：电源采用 单电源直接运行 方式，电源联锁采用

/ 方式。

无功补偿：按无功电力就地平衡的原则，按照国家标准、电力行业标准等规定设计并合理装设无功补偿设备。补偿设备宜采用自动投切方式，防止无功倒送，在高峰负荷时的功率因数不宜低于 0.95

继电保护：宜采用数字式继电保护装置，电源进线采用 热熔 保护。

调度、通信和自动化：与 / 建立调度关系；配置相应的通信自动化装置进行联络，通信方案建议

/

电能质量要求：存在非线性负荷设备 / 接入电网，应委托有资质的机构出具电能质量评估报告，并提交初步治理技术方案。

[保存] [删除]

特殊要求信息 ❷

无功补偿要求：/ 应急电源要求：/

电能质量要求：/

填写关键点：
❶ 调度、通信和自动化：需要实行电力调度管理和有通信、自动化要求的客户，根据调控、通信部门的要求填写；
❷ 特殊要求信息：按照同步设计、同步施工、同步投运、同步达标的原则明确客户治理电能质量污染的责任及技术方案要求；明确
   应急电源的配置容量、切换时间、切换方式等相关要求。

（二）确定业务费用

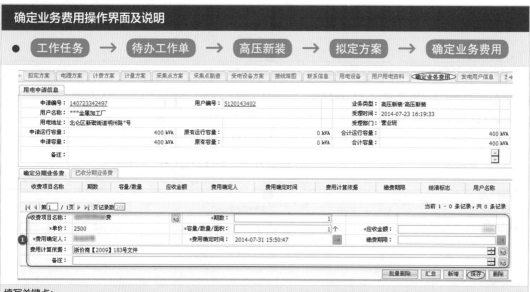

确定业务费用操作界面及说明

工作任务　→　待办工作单　→　高压新装　→　拟定方案　→　确定业务费用

| 拟定方案 | 电源方案 | 计费方案 | 计量方案 | 采集点方案 | 采集点勘查 | 受电设备方案 | 接线简图 | 联系信息 | 用电设备 | 用户用电资料 | **确定业务费用** | 发电用户信息 |

用电申请信息

申请编号：	140723342497		用户编号：	5120143402			业务类型：	高压新装·高压新装
用户名称：	***金属加工厂						受理时间：	2014-07-23 16:19:33
用电地址：	北仑区新碶街道明州路 *号						受理部门：	营业班
申请运行容量：		400 kVA	原有运行容量：		0 kVA	合计运行容量：		400 kVA
申请容量：		400 kVA	原有容量：		0 kVA	合计容量：		400 kVA
备注：								

确定分期业务费 ｜ 已收分期业务费

收费项目名称	期数	容量/数量	应收金额	费用确定人	费用确定时间	费用计算依据	缴费期限	结清标志	用户名称

◁ ◁ 第 1 / 1页 ▷ ▷ 页记录数 200　　　　　　　　　　　　　　　　　　　　　　当前 1 - 0 条记录，共 0 条记录

*收费项目名称：	▩▩▩▩ 费		*期数：	1	
*单价：	2500	*容量/数量/面积：	1 个	*应收金额：	▩▩▩▩
*费用确定人：	▩▩▩▩	*费用确定时间：	2014-07-31 15:50:47	缴费期限：	
费用计算依据：	浙价商【2009】183号文件				
备注：					

批量删除　汇总　新增　保存　删除

填写关键点：

❶点击"收费项目名称"，根据所需费用类别填写费用数量，确认应收金额，填写费用计算依据，点击"保存"；费用计算依据：省级及以上物价部门文件。

填写关键点：

收费项目：根据省物价部门文件执行。

现场终端费：根据供电方案确定的供电容量、用电性质和需安装的终端数量，对照收费文件及标准，确定收取现场终端费的数量。

高可靠性费：对属于双（多）电源客户，应根据客户电压等级、容量、供电回路数、是否自建电压本级外部工程，对照收费文件及标准，确定收取高可靠性费的数量。

临时接电费：根据《供电营业规则》及其补充规定，对基建工地、农田水利、市政建设等非永久性用电，可供给临时电源。临时接电费即是收取的临时电源所用费用，根据相应文件收取。

确定分期业务费	已收分期业务费							
收费项目名称	期数	容量/数量	应收金额	费用确定人	费用确定时间	费用计算依据	缴费期限	结清标志	用户名称
费	1	1	2500	置	2014-07-31 15:50:47	浙价商【2009】183号文件		欠费	***金属加工厂

|◄ ◄ |第 1 / 1页 ► ►| 页记录数 20 | | 当前 1 - 1 条记录，共 1 条记录

*收费项目名称:	费		*期数:	1		
*单价:	2500		*容量/数量/面积:	1 个	*应收金额:	
*费用确定人:			*费用确定时间:	2014-07-31 15:50:47	缴费期限:	
费用计算依据:	浙价商【2009】183号文件					
备注:						

批量删除　汇总❶　新增　保存　删除

预计月售电量:

预计月应收电费:

保存

打❷发送　返回

供电接入方案草图绘制

ⓘ 申请编号【150717917300】已经发送到:复核环节，北仑客户服务分中心 部门处理!

❸ 确定

填写关键点:
❶ 点击"新增""保存"增添新的收费项目;
❷、❸ 费用确定后返回"拟定方案"界面，点击"发送""确定"。

（三）供电方案复核

工作内容

√ 完成客户供电方案的复核，签署供电方案的审批意见。

供电方案复核操作界面及说明

● 工作任务 → 待办工作单 → 高压新装 → 复核

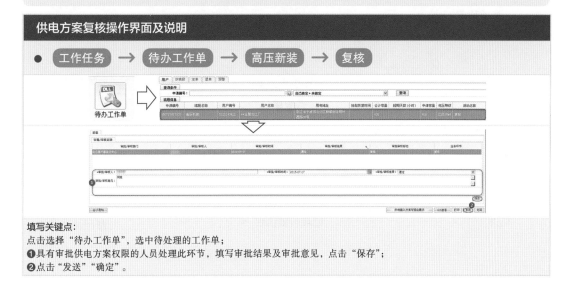

填写关键点：

点击选择"待办工作单"，选中待处理的工作单；

❶具有审批供电方案权限的人员处理此环节，填写审批结果及审批意见，点击"保存"；

❷点击"发送""确定"。

四 供电方案答复

> 本作业的主要内容包括：打印供电方案答复单，通知客户签章确认，记录答复信息等环节。

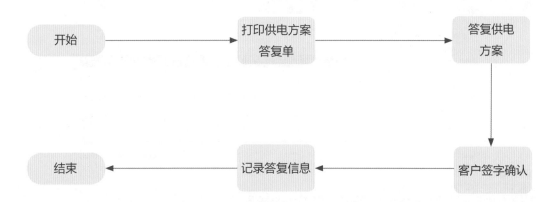

（一）打印供电方案答复单

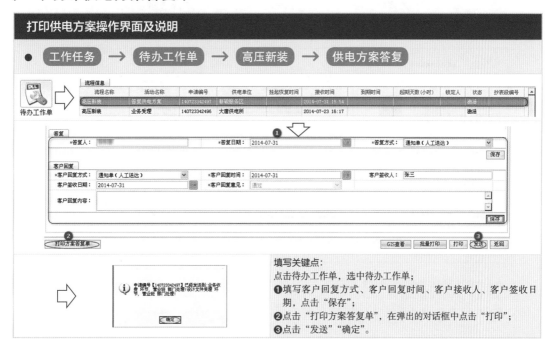

打印供电方案操作界面及说明

● 工作任务 → 待办工作单 → 高压新装 → 供电方案答复

填写关键点：

点击待办工作单，选中待办工作单；

❶填写客户回复方式、客户回复时间、客户接收人、客户签收日期，点击"保存"；

❷点击"打印方案答复单"，在弹出的对话框中点击"打印"；

❸点击"发送""确定"。

● 工作任务 → 待办工作单 → 高压新装 → 供电方案答复

高压供电方案答复单

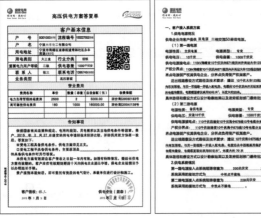

1. 本单为机打，供电方案为现场勘查编辑内容。
2. 供电答复时间与系统一致。
3. 客户签收，供电企业盖章。

工作任务 → 待办工作单 → 高压新装 → 供电方案答复

高压供电方案答复单

（3）冲击性负荷产生的电压波动允许值，应符合《电能质量 电压波动和闪变》（GB/T12326）国家标准的限值。

10.配电设备要求：

（1）进线设备情况：进线开关应选用具有保护的负荷开关；

（2）配变情况：选用油浸式变压器应放置在地上独立建筑内；

（3）对主要设备及材料的选型应进行计算，含电能质量，安全载流量（含热稳定、动稳定校验），机械强度（应力）应符合相关规程规范、导则的要求，安装的要求和参数的给定。设备材料选型应采用先进、实用、经济、合理产品；

（4）高压电气设备应取得国家认定机构出具的型式试验报告，低压电气设备应获得国家强制性产品认证证书(即3C证书)，提倡使用节能电气产品，严禁使用国家明令淘汰的电气产品。

三、计量方案

1. 计量点设置及计量方式：

计量点1：计量装置装设在10千伏大华变(用户配电房)10千伏大华123线进线处，计量方式为高供高计，接线方式为三相三线，量电电压交流10千伏。

电压互感器变比为10000/100、准确度等级为0.5；

电流互感器变比为75/5、准确度等级为0.2S。

计量点2：计量装置装设在10千伏大华变（用户配电房）10千伏海中675线大华支线进线处，计量方式为高供高计，接线方式为三相三线，量电电压交流10千伏。

电压互感器变比为10000/100、准确度等级为0.5；

电流互感器变比为75/5、准确度等级为0.2S。

2.用电信息采集终端安装方案：配装电力负荷管理终端2台，终端装设于10千伏大华变（用户配电房）10千伏大华123线和10千伏海中675线大华支线进线处，用于远程监控及电量数据采集。

3.计量柜应预留电能计量表计及采集终端的安装位置，并满足计量封印加封要求。（满足GB/T 16934-2013、DL/T 448-2000规程的要求）

四、计费方案

1. 电价为：大工业；1~10千伏；三费率；两部制。

2.功率因数考核标准：根据国家《功率因数调整电费办法》的规定，功率因数调整电费的考核标准为0.90。

3.当用电计量装置不安装在产权分界处时，变压器损耗的有功与无功电量均须由产权所有者负担。在计算用户基本电费（按最大需量计收时）、电度电费及功率因数调整电费时，应将上述损耗电量计算在内。

根据政府主管部门批准的电价（包括国家规定的随电价征收的有关费用）执行，如发生电价和其他收费项目费率调整，按政府有关电价调整文件执行。

五、其他事项

（1）受电工程应根据供电方案答复单进行设计，客户委托的设计单位应取得建设部门颁发的相应级别的设计资质和其它必备的资质条件。跨省勘察设计单位应在浙江省建设厅登记备案，跨地区设计单位应在地（市）级建设局登记备案。设计完成后，普通客户自行或委托有相关资质的单位进行设计文件审核，审查合格后方可进行后续施工。如因设计文件不符合相关规定而引起的一切后果由客户自行承担。

（2）普通客户受电工程在电缆沟管、接地网等隐蔽工程覆盖前，应自行组织进行中间检查，检查标准应依据国家相关规范，如因中间检查不到位引起的一切后果由用户自行承担。

（3）客户可自主选择施工单位和设备材料供应单位，所委托的施工单位应取得电力监管机构颁发的相应级别的"承装(修、试)电力设施许可证"。外省承装（修、试）电力设施企业在浙江省承接工程的，应当自工程开始之日起十日内，向国家能源局浙江监管办公室报告，依法接受其监督检查；

（4）客户受电工程竣工并自验收合格后，请携带竣工报验等相关资料及时到供电营业窗口办理竣工报验申请。

建议增加自备电源或者采取非电性质应急安全保护措施，增加供电可靠性。

六、接线简图

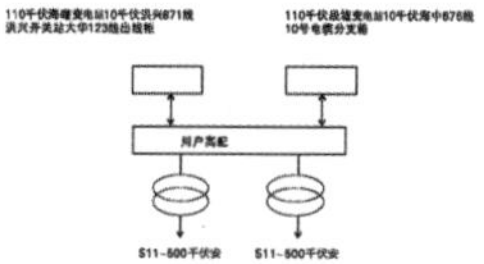

（二）答复供电方案

工作内容

√ 通过客户自取或邮寄等方式在规定时间内将通知单及附件送达客户，客户收到"供电方案答复单"后，签字盖章确认，并反馈答复信息。

注意事项

√ 采用邮寄方式的应设立专用的记录本，记录邮寄信息。

√ 应向客户说明高压客户供电方案的有效期为1年。

√ 客户对供电方案有异议，应在1个月内提出意见，双方再行协商确定。

√ 应告知客户设计、设备供应、施工等单位需具备相应资质。

√ 应告知客户缴费等后续相关事宜。

五 业务收费

> 本作业的主要内容包括：按确定的收费项目和应收业务费金额收取业务费，打印发票或收费凭证。

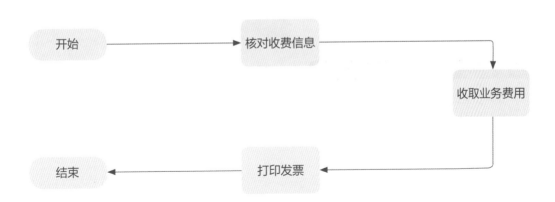

工作内容

√ 核对收费户名、收费项目及收费金额。

√ 接受客户提交的现金或支付票据，核对
系统记录的收费项和收费金额与支付票
据一致。

√ 打印收款凭证，加盖收讫章，交予缴
款人。

注意事项

√ 作业人员应对收取的支票进行登记，对
退票进行及时处理。

√ 现金递送需与客户当面点清，并实施
"唱收唱付"。

业务收费系统操作界面及说明

● 电费收缴及营销账务管理 → 业务费缴费管理 → 功能 → 业务费坐收

请输入

| 申请编号： | | ❶用户编号： 5120143402 | | 多户同付： □ | | 结清标志： □ |

用户信息

| 收费关联号： | | | 用户名称： ***金属加工厂 |
| 管理单位： 新碶服务区 | | | 用电地址： 北仑区新碶街道明州路*号 |

业务费应收信息

❷	用户编号	收费项目名称	期数	容量	费用确定人	缴费期限	发票号码	应收金额	结清标志
☑	5120143402	高可靠性费	1	1				572000.00	欠费

汇总信息

| 总笔数： 1 | | 应收合计： 572000.00 |

请输入

	*结算方式： 现金 ▼	票据号码：		票据银行： ▼
❸	*收款金额： 572000.00	找零金额： 0.00		付款人账号：
	发票号码：	业务费发票 ▼		

(收费) (登记发票号码) (删除登记发票) (收费明细) (返回)

填写关键点：
❶输入需缴纳业务费的"用户编号"并按回车键；
❷勾选并核对需要收取费用项；
❸选择"结算方式"，输入"收款金额"，点击"收费"。

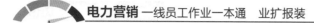

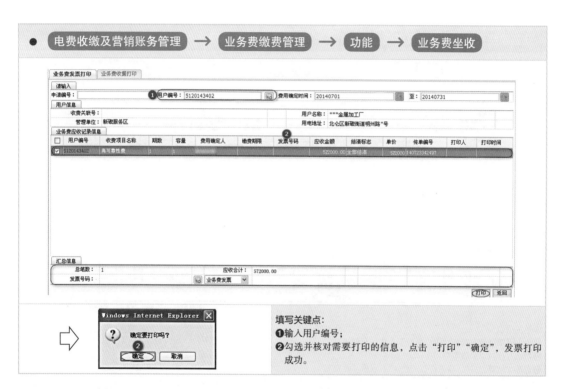

填写关键点：
❶输入用户编号；
❷勾选并核对需要打印的信息，点击"打印""确定"，发票打印
成功。

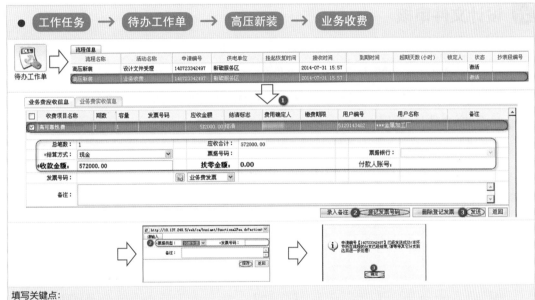

填写关键点:
点击"待办工作单",选中待办工作单;
❶勾选并核对业务费信息;
❷点击"登记发票号码",然后选择"票据类型"输入"发票号码",点击"保存";
❸点击"发送""确定"。

六 设计文件审核

> 本作业的主要内容根据国家标准及供电方案确定，包括：审图人员接收设计文件、完成设计文件审核、出具"客户受电工程设计文件审核意见单"、完成设计文件存档等内容。

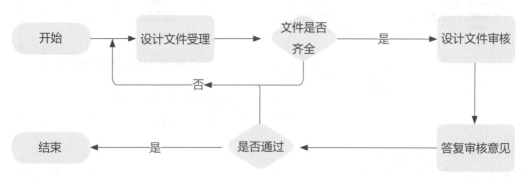

注：根据《进一步精简业扩手续、提高办电效率的工作意见》（国网2015〔70〕号）文件，取消普通客户设计审查和中间检查，实行设计单位资质、施工图纸与竣工资料合并报验。

（一）设计文件受理

工作内容

√ 审核报送资料并查验设计单位资质。

√ 在营销系统中录入送审单及相关信息，将文件资料移交至图纸审核人员。

注意事项

√ 送审文件应至少提供一式两份。

√ 对于资料欠缺或不完整的，应告知客户需要补充完善的相关资料。

	高压客户受电工程设计图纸送审资料清单		
1	客户受电工程审计文件送审单	2	用电功率因数计算及无功补偿方式
3	客户受电工程设计及说明书	4	继电保护、过电压保护及电能计量装置的方式
5	用电负荷分布图	6	隐蔽工程设计资料
7	负荷组成、性质及保安负荷	8	配电网络布置图
9	影响电能质量的用电设备清单	10	自备电源及接线方式
11	主要电气设备一览表	12	设计单位资质审查材料
13	节能篇及主要生产设备	14	高压受电装置一、二次接线图与平面布置图
15	生产工艺耗电以及允许中断供电时间	16	供电企业认为必须提供的其他资料

客户受电工程设计文件送审单（示例）

1. 客户基本信息填写齐全。设计单位信息与设计单位资质证书上一致。

2. 有关说明、意向接电时间和设计文件完成时间按实际情况和客户需求填写。

3. 客户经办人签字并加盖公章。

4. 受电工程设计文件送审所需资料：工程设计图纸、设计单位资质证书、设计单位评价表、继电保护整定单。

5. 受理员核实用户提供的资料，录入系统并签字、盖业务章，受理日期与系统一致。

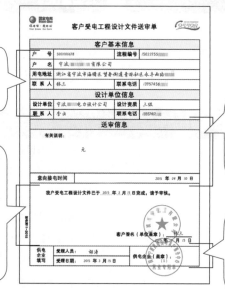

设计文件受理操作界面及说明

● 工作任务 → 待办工作单 → 高压新装 → 设计文件受理

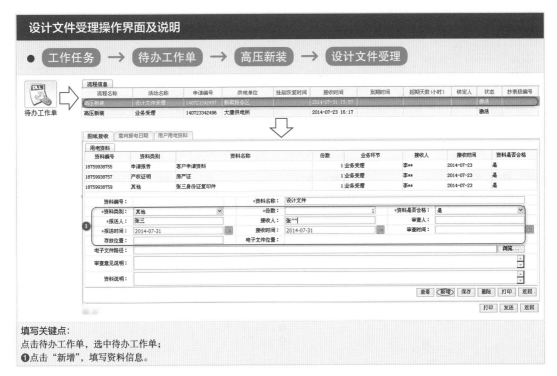

填写关键点：

点击待办工作单，选中待办工作单；

❶点击"新增"，填写资料信息。

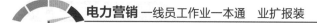

工作任务 → 待办工作单 → 高压新装 → 设计文件受理

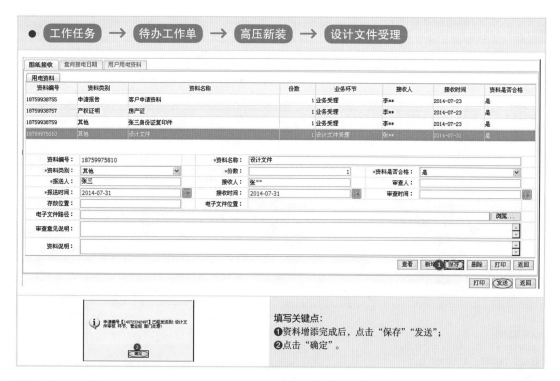

| 图纸接收 | 意向接电日期 | 用户用电资料 |

用电资料

资料编号	资料类别	资料名称	份数	业务环节	接收人	接收时间	资料是否合格
18759938755	申请报告	客户申请资料	1	业务受理	李**	2014-07-23	是
18759938757	产权证明	房产证	1	业务受理	李**	2014-07-23	是
18759938759	其他	张三身份证复印件	1	业务受理	李**	2014-07-23	是
18759975810	其他	设计文件	1	设计文件受理	张**	2014-07-31	是

资料编号:	18759975810	*资料名称:	设计文件	
*资料类别:	其他	*份数:	1	*资料是否合格:	是
*报送人:	张三	接收人:	张**	审查人:	
*报送时间:	2014-07-31	接收时间:	2014-07-31	审查时间:	
存放位置:		电子文件位置:		
电子文件路径:				浏览...
审查意见说明:				
资料说明:				

查看　新增　保存　删除　打印　返回

打印　发送　返回

填写关键点：
❶资料增添完成后，点击"保存""发送"；
❷点击"确定"。

（二）设计文件审核

1. 资料审核

工作内容

√ 审核设计文件及相关资料的完整性。

√ 审核设计单位资质应符合规定。

√ 核查设计依据、设计说明应与供电方案、相关的设计规程相符。

等级 资质类型	丙	乙	甲
综合（甲级）	可以承接所有类别工程		
建筑工程	相应工程红线范围内变配电设计		
电力行业 （送、变电工程）	110千伏及以下送、变电工程	220千伏及以下送、变电工程	220千伏及以上送、变电工程

注意事项

√ 设计单位应取得建设部门颁发的相应级别的设计资质。

√ 如设计单位无相应的设计资质，应通知客户重新选择设计单位。

√ 如设计文件所依据的供电方案超过有效期，应通知客户重新办理用电申请手续。

2. 电气一次主接线

工作内容

√ 电气主接线型式、运行方式、进线方式应符合供电方案要求。

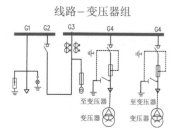

线路－变压器组

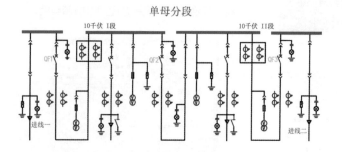

单母分段

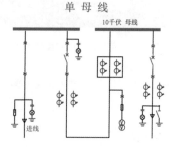

单 母 线

工作内容

√ 电气主接线进线方式应符合供电方案要求。

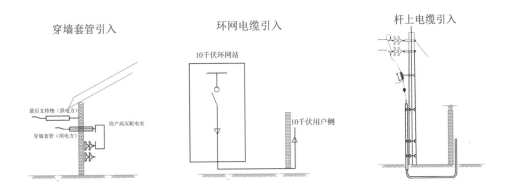

穿墙套管引入　　　　　　环网电缆引入　　　　　　杆上电缆引入

工作内容

√ 断路器、刀闸、避雷器、互感器等设备选型应符合客户用电需求和设计规范要求。

10千伏主要设备参数表

设备名称		型式及主要参数	柜体类型
10千伏开关柜	断路器	12千伏，630（1250）安，25千安	进线
		12千伏，630（1250）安，25千安	分段
		12千伏，630安，25千安	出线、电容
	接地开关	12千伏，25千安/4秒	出线、电容
	熔断器	0.5安，25千安	母线设备
	避雷器	17千伏，5千安雷电冲击残压不大于45千伏	母线设备
	互感器	进线回路：XXX/5安，出线回路：XXX/5安	进线、出线

工作内容

√ 进出线电缆、母线的截面积应满足电网安全及客户用电的要求。

10千伏交联聚乙烯铜铠护套电缆载流量对照表

电缆导体截面积（毫米²）	敷设方式	
	空气中	土壤中
25	100	90
35	123	105
50	141	120
70	173	152
95	214	182
120	246	205
150	278	219
185	320	247
240	373	292
300	428	328
400	501	374
500	574	424
环境温度（摄氏度）	40	25

母线铜排载流量对照表

额定电流（安）	铜排规格（单片毫米）
550	40×4、30×5、20×10
615	50×3、40×5、30×6、25×8
755	60×3、50×5、40×6、30×10
840	60×4、50×6、40×8、25×16
900	80×3、60×5
990	60×6、50×8、40×10、30×16
1160	80×4、60×8、50×10、40×16
1300	100×4、80×6、60×10、50×12
1490	100×5、80×8、60×12、50×16
1590	100×6
1670	80×10、60×16
1830	120×6、100×8、80×12
2030	100×10
2110	120×8、100×12、80×16
额定电流（安）	铜排规格（双片毫米）
1530	60×6
2300	80×8
2730	80×10
2690	100×8
3180	100×10
3610	120×10

工作内容

√ 电气成套装置应具有完善的"五防"联锁功能，并配置带电或故障指示器。

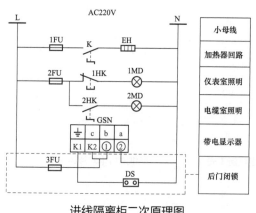

进线隔离柜二次原理图

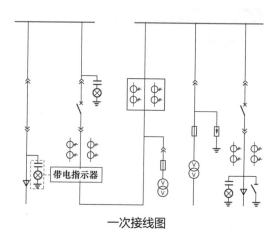

一次接线图

工作内容

√ 多电源之间应正确装设切换装置和可靠的联锁装置，不允许出现高压侧合环运行的方式。

√ 自备电源与电网电源之间应装设可靠的电气或机械闭锁装置，且闭锁逻辑关系正确（先断后通），防止倒送电，自备应急电源配置容量应至少满足全部保安负荷正常供电的需要。

√ 对于重要电力用户，自备应急电源及非电性质保安措施还应满足有关规程、规定的要求。

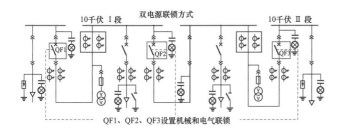

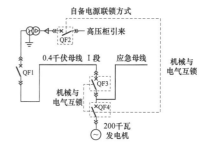

工作内容

√ 变压器的型号、容量、接线组别应符合供电方案要求，多台变压器的参数配置应符合并列运行需要。

变压器的接线组别	一般选用Dyn11型（抑制3次谐波）
变压器的型号	应选用节能型系列产品
多台变压器并列运行必备条件	1. 接线组别相同
	2. 电压变比相同（不大于0.5%）
	3. 变压器短路阻抗相近（不大于10%）

3. 继电保护及二次回路

工作内容

√ 继电保护类型、配置应符合供电可靠性、选择性、灵敏性、速动性的要求。

√ 二次保护回路应正确。

√ 继电保护的电源配置应符合设计规范。

√ 电气闭锁回路应符合要求，操作电源的设计应满足要求。

电气设备保护配置标准

保护配置标准 （GB50062–2008）	保护 对象
纵差保护（按需要）	线路 保护
定时限过电流多段式保护	
反时限保护	
热熔保护（高压熔断器保护）	变压器 保护
瓦斯保护	
温度保护	
变压器差动保护（按需要）	
高压电动机差动保护（按需要）	高压 电动 机保护
低电压保护	
过电压保护	
过负荷保护	

继电保护及二次回路审核内容

主要检查项

- 电流互感器回路是否有开路可能或并联
- 电压互感器回路是否有短路可能或串联
- 二次侧交流回路是否可靠接地
- 回路编号是否符合要求
- 控制保护元件电压是否与二次操作电源电压对应
- 控制电缆交直流是否混用
- 信号回路是否符合规范要求
- 防跳回路设计是否正确

继电保护定值单

类型设备	保护	定时限过电流保护		电流速断保护		继电器类型	电流互感器变比
		定值（安）	时限（秒）	定值（安）	时限（秒）		
G2 进线总柜1							
G5 1号变压器柜							
G6 联络柜							
G8 2号变压器柜							
G11 进线总柜2							

用户名称：xxxxxx有限公司

线路名称：

备注：变压器设置温度保护，高温保护作用于信号，超温保护作用于跳闸。

说明：定值试验时请核对电流互感器变比；定值仅供参考。

4. 电能计量装置

工作内容

√ 计量点的设置、计量方式、接线方式、互感器的精度、变比应符合供电方案要求。

√ 计量装置二次回路应正确。

√ 计量柜、计量屏应能满足电能表安装的要求。

5. 电能质量及无功补偿

工作内容

√ 无功补偿装置的类型、补偿方式、补偿容量应满足要求:

- 并联电容器装置,其容量和分组应根据就地补偿、便于调整电压及不发生谐振的原则进行配置。
- 无功补偿装置宜采用成套装置,并应装设在变压器低压侧。

√ 治理措施应满足电能质量评估报告所列要求:

- 对于注入电网谐波超标的客户,应审核谐波负序治理装置及预留空间。
- 对于带有冲击负荷、波动负荷、非对称负荷超标的客户,应核查相应的治理设计。

6. 电气平面布置图

工作内容

√ 变配电室及电气设备的平面布置应便于进、出线。

√ 电气安全距离、维护通道距离、检修间隔距离、安全通道及管线布置应符合设计规范和实际需要。

- 低压配电室内成排布置的配电屏，其屏前、屏后的通道最小宽度（毫米）应符合下表的规定。

形式	布置方式	屏前通道	屏后通道
固定式	单排布置	1500	1000
	双排面对面布置	2000	1000
	双排背对背布置	1500	1500
抽屉式	单排布置	1800	1000
	双排面对面布置	2300	1000
	双排背对背布置	1800	1000

注　当建筑物墙面遇有柱类局部凸出时，凸出部位的通道宽度可减少200毫米。

工作内容

- 配电装置的长度大于6米时，其柜（屏）后通道应设两个出口，低压配电装置两个出口，低压配电装置两个出口的距离超过15米时，尚应增加出口。
- 高压配电室内各种通道最小宽度（毫米）应符合下表的规定。

开关柜布置方式	柜后维护通道	柜前操作通道	
		固定式	手车式
单排布置	800	1500	单车长度+1200
双排面对面布置	800	2000	双车长度+900
双排背对背布置	1000	1500	单车长度+1200

注 1. 固定式开关柜为靠墙布置时，柜后与墙净距应大于50毫米，侧面与墙净距应大于200毫米。

2. 通道宽度在建筑物的墙面遇有柱类局部凸出时，凸出部位的通道宽度可减少200毫米。

工作内容

- 可燃油油浸变压器外廓与变压器室墙壁和门的最小净距（毫米）应符合下表的规定。

变压器容量（千伏安）	100~1000	1250及以上
变压器外廓与后壁、侧壁净距	600	800
变压器外廓与门净距	800	1000

√ 变压器、配电柜等电气设备基础应符合设计规范要求，并与电气设备尺寸配套。

√ 变（配）电室的防火、防水、防雨雪冻害、防小动物、采暖通风、采光、照明、排水设施等应符合设计规范和实际要求。

√ 电缆沟（井）的宽度、深度、电缆支架应符合设计规范要求，电缆管道截面与电缆截面相匹配。

√ 配电室、变压器室等的接地设计，接地极和接地扁铁截面积、接地网的布置应符合国家标准和电力行业标准、设计规范的要求。

√ 变电站的过电压保护，建筑防雷接地网的设置应符合国家标准和电力行业标准。

审图参考标准

√ GB/T 12325—2008《电能质量　供电电压偏差》

√ GB/T 12326—2008《电能质量　电压波动和闪变》

√ GB/T 14549—1993《电能质量　公用电网谐波》

√ GB/T 15543—2008《电能质量　三相电压不平衡》

√ GB 50016—2014《建筑设计防火规范》

√ GB 50052—2009《供配电系统设计规范》

√ GB 50053—2013《20kV及以下变电所设计规范》

√ GB 50054—2011《低压配电设计规范》

√ GB 50055—2011《通用用电设备配电设计规范》

√ GB 50057—2010《建筑物防雷设计规范》

√ GB 50217—2007《电力工程电缆设计规范》

√ GB 50059—2011《35～110kV变电所设计规范》

√ GB 50060—2008《3kV～110kV高压配电装置》

√ GB 50061—2010《66kV及以下架空电力线路设计规范》

√ GB 50062—2008《电力装置的继电保护和自动装置设计规范》

√ GB/T 50063—2008《电力装置的电气测量仪表装置设计规范》

√ GB/T 50064—2014《交流电气装置的过电压保护和绝缘配合设计规范》

√ GB/T 50065—2011《交流电气装置的接地设计规范》

（三）答复审核意见

工作内容

√ 在营销系统中录入审核意见，打印"客户受电工程设计文件审核意见单"，将流程发送至下一环节。

√ 在通过审核的设计文件上每页加盖图纸审核章。

√ 将审核意见单及其中的一份设计文件，送交营业窗口答复。

√ 将审核意见单及另一套设计文件移交归档。

注意事项

√ 出具的审图意见用词必须规范明了，并由专人审核，加盖专用章。

√ 因客户原因需要变更设计的，应填写"客户受电工程变更设计申请联系单"，将变更后的设计图纸文件再次送审，通过审核后方可实施。

√ 应向客户一次性告知审核意见。

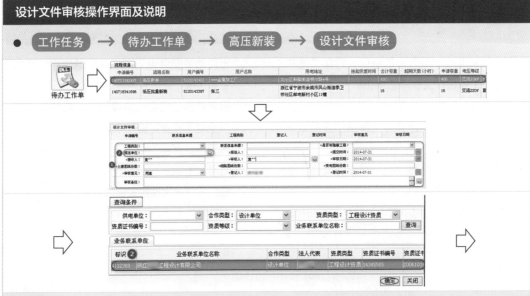

设计文件审核操作界面及说明

● 工作任务 → 待办工作单 → 高压新装 → 设计文件审核

填写关键点：

点击"待办工作单"，选择待办工作单；

❶填写设计文件审核信息，详细审核意见可填入"审核备注"中；

❷点击选择"报送单位"。

● 工作任务 → 待办工作单 → 高压新装 → 设计文件审核

设计文件审核 ❶

申请编号	联系信息来源	工程类别	登记人	登记时间	审核意见	审核日期
140723342497		变电工程		2014-07-31	同意	2014-07-31

工程类别：	变电工程		联系信息来源：		*是否有隐蔽工程：	否
报送单位：	浙江中电工程设计有限公司		*报送人：	张三	*提交时间：	2014-07-31
*接收人：	黄**		*审核人：	黄**	*审核日期：	2014-07-31
*土建图纸份数：	1		*线路图纸份数：	1	*变电图纸份数：	1
*审核意见：	同意		*登记人：		*登记时间：	2014-07-31
审核备注：						

新增　保存　删除

会议通知　会签　启动投产准备

打印 ❷ 发送　返回

ⓘ 申请编号【140723342497】已经发送到：会同验查竣工　环节；查业组 部门流程/中间检查受理环节；查业组 部门处理！

❷ 确定

填写关键点：
❶资料增添完成后，点击"保存"；
❷点击"发送"、"确定"。

客户受电工程设计文件审核意见单（示例）

1. 按照国家和行业标准对客户送审的受电工程设计图和有关资料进行审核，填写审核意见。
2. 盖图纸审核专用章。

3. 填写审图人及审图日期，并经主管签字认可。
4. 客户签字。
5. 填写日期必须与系统日期相符不得涂改。
6. 审核时限应符合要求不得超期。

客户受电工程变更设计申请联系单（示例）

1. 客户基本信息空格均需填全。

2. 客户变更原因按实际情况写明。

3. 客户经办人签字并加盖公章，填写日期为申请日期。

4. 根据客户需求及各项规定，供电企业给出相应意见，如不同意，写明原因，并加盖审图意见章。

5. 意见反馈客户后请客户签字，并写上签收日期。

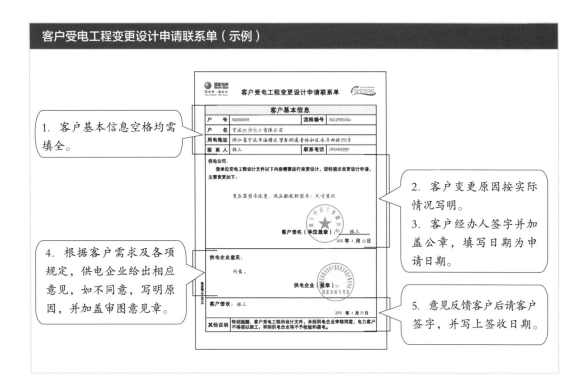

七 中间检查

本作业的主要内容包括：供电企业在受理客户受电工程中间检查报验申请后，及时组织开展中间检查。

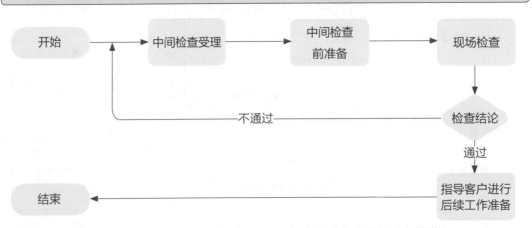

注：根据《进一步精简业扩手续、提高办电效率的工作意见》（国网2015〔70〕号）文件，取消普通客户中间检查。

（一）中间检查受理及派工

工作内容

✓ 客户向供电企业提出中间检查报验，受理人员应根据客户申请，完成中间检查受理环节。

✓ 审核报验资料是否齐全、正确。

- 施工试验单位资质证书：查验施工单位是否有承装（修、试）电力设施许可证，安全生产许可证、建筑业企业资质证书资质等级是否与工程相符。

- 中间检查工程资料：隐蔽工程施工记录和其他施工记录是否齐全，试验结果是否合格；接地网接地电阻、独立避雷针接地电阻、接地引下线导通试验是否齐全，试验结果是否合格。

客户受电工程中间检查报验单（示例）

1. 客户基本信息填写齐全。

2. 意向接电时间及有关说明，按照客户实际情况及需求填写，经办人签字并加盖公章。

3. 报验所需资料：施工单位安全生产许可证及建筑业企业资质、土建工程相关竣工资料。

4. 供电单位受理人签字盖章并录入系统，受理日期与系统日期一致。

中间检查受理系统操作界面及说明

● 工作任务 → 待办工作单 → 高压新装 → 中间检查受理

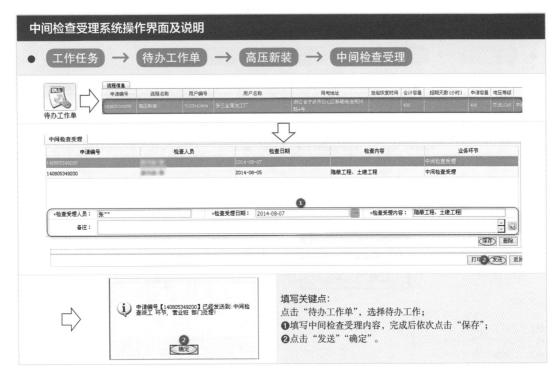

流程信息

申请编号	流程名称	用户编号	用户名称	用电地址	挂起恢复时间	合计容量	超期天数(小时)	申请容量	电压等级
140805349200	高压新装	5120142404	张三金属加工厂	浙江省宁波市北心区新城街道明升路4号		400		400	交流10kV	中

待办工作单

中间检查受理

申请编号	检查人员	检查日期	检查内容	业务环节
140805349200		2014-08-07		中间检查受理
140805349200		2014-08-05	隐蔽工程、土建工程	中间检查受理

❶

| *检查受理人员: | 张** | *检查受理日期: | 2014-08-07 | *检查受理内容: | 隐蔽工程、土建工程 |
| 备注: | | | | | |

保存 删除

打印 ❷ 发送 返回

ⓘ 申请编号【140805349200】已经发送到:中间检查派工 环节,营业班 部门处理!

❷ 确定

填写关键点:
点击"待办工作单",选择待办工作;
❶填写中间检查受理内容,完成后依次点击"保存";
❷点击"发送""确定"。

电力营销 一线员工作业一本通 业扩报装

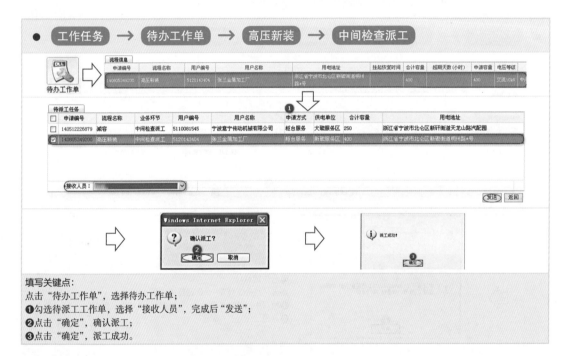

填写关键点：

点击"待办工作单"，选择待办工作单；

❶勾选待派工工作单，选择"接收人员"，完成后"发送"；

❷点击"确定"，确认派工；

❸点击"确定"，派工成功。

（二）中间检查前准备

工作内容

√ 现场检查前，应提前与客户预约时间，告知检查项目和应配合的工作。

√ 根据资料内容，打印"客户受电工程中间检查意见单"，准备现场检验。

√ 检查前应准备相应的工器具：接地电阻测试仪、水平尺、游标卡尺、测距仪、照明工具等。

游标卡尺

测距仪

照明工具

水平尺

客户受电工程中间检查意见单（示例）

1. 客户基本信息应齐全。

2. 中间检查必须符合相关规定和要求，如不符合规定或存在问题应当以书面形式告诉用户进行改整，复验合格后才可进行电气安装。

3. 现场检查意见填写合格或者其他具体问题。

4. 复验的客户需重新办理中间检查报验手续。

5. 检查人须有两人签字。

6. 客户签字。

7. 检查日期必须与系统日期相符不得涂改。

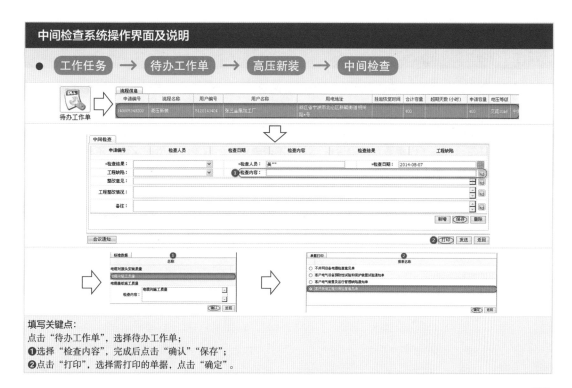

中间检查系统操作界面及说明

● 工作任务 → 待办工作单 → 高压新装 → 中间检查

填写关键点：
点击"待办工作单"，选择待办工作单；
❶选择"检查内容"，完成后点击"确认""保存"；
❷点击"打印"，选择需打印的单据，点击"确定"。

（三）现场检查

√ 对于有隐蔽工程的项目，应在隐蔽工程封闭或掩盖前进行检查，合格后方能封闭。

√ 中间检查工作至少两人共同进行。

√ 要求客户方或施工方进行现场安全交底，做好相关安全技术措施，确认工作范围内的设备已停电、安全措施符合现场工作需要，明确设备带电与不带电部位、施工电源供电区域，不得随意触碰、操作现场设备，防止触电伤害。

1. 管沟、支架

检查关键点

√ 电缆支架应平直，无扭曲变形，焊接牢固，层间允许最小距离符合规定。

√ 电缆管的质量、内径、弯曲半径、直埋深度等应符合规定。

√ 电缆敷设区域、通道、排列、标志牌等应符合要求。

√ 电缆沟支架表面情况、承载能力、防水防火金属构件的接地、支架设置间距应符合设计要求，电缆沟内应无杂物，盖板齐全。

电缆支架

电缆沟

电缆沟支架

2. 接地装置

检查关键点

√ 人工接地网的外缘应闭合，外缘各角应成圆弧形；接地网内应敷设水平均压带。

√ 接地装置应采用热镀锌钢材，水平敷设的可采用圆钢和扁钢，垂直敷设的可采用角钢和钢管。

√ 接地体顶面埋设深度、间距应符合设计规定。

√ 接地干线应在不同的两点及以上与接地网相连接，电气装置应以单独的接地线与接地汇流排或接地干线连接，严禁一个接地线串接多个电气装置。

√ 接地体（线）连接应采用焊接，焊接必须牢固无虚焊，接至电气设备上的接地线应用镀锌螺栓连接。

√ 金属构件、金属管道等作为接地线，连接处应保证有可靠的电气连接。

扁钢或扁铜对接的
热熔焊接图

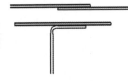

扁钢或扁铜间的搭接
电、气焊连接图

3. 基础钢槽

检查关键点

√ 基础埋件及预留孔洞应与设计文件一致。

√ 高、低压开关柜的基础槽钢应符合设计要求。

√ 变压器基础应满足载荷、防震、底部通风等要求。

√ 基础槽钢应可靠接地。

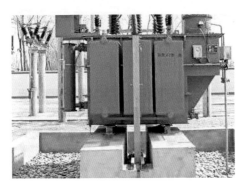

4. 设备通风措施

检查关键点

√ 变压器室、电容器室、配电室、控制室
和值班室、相关管道和线路、有人值班
的独立变电站等通风措施是否符合规定。

（四）检查结果处理

1. 现场处理

工作内容

√ 现场作业结束后，作业人员应填写"客户受电工程中间检查意见单"，对于检查中发现问题的，应一次性告知客户，并详细阐述整改意见，请客户签字确认。

√ 跟踪客户工程缺陷整改进度，并记录整改情况，直至验收合格。

注意事项

√ 中间检查书面记录应完整翔实，参与检查的人员和客户负责人签字。

√ 客户应对中间检查过程中发现的缺陷进行整改，供电企业应予以指导，缺陷未整改前，不允许开展后续施工。

√ 对未实施中间检查的隐蔽工程，应书面向客户提出返工要求。

2. 系统信息录入

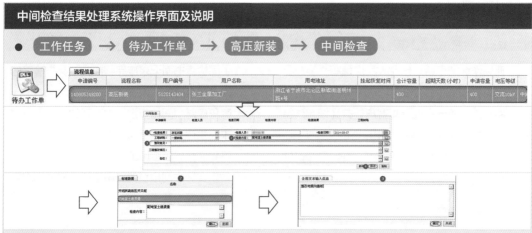

填写关键点：
点击"待办工作单"，选择待办工作单；

❶根据现场检验情况选择"检查结果"，如果检查合格，选择"没有问题"，然后点击"保存""发送"；如果"检查结果"不合格，则选择"存在问题"；

❷选择"检查内容"，点击"确定"；

❸点击"整改意见"，填入整改意见，点击"确定"；

❹检查结果信息录入后完成后，点击"保存"。

● 工作任务 → 待办工作单 → 高压新装 → 中间检查

中间检查

申请编号	检查人员	检查日期	检查内容	检查结果	工程缺陷
140805349200	吴**	2014-08-07	配电室土建质量	没有问题	

*检查结果：	没有问题		*检查人员：	吴**	*检查日期：	2014-08-07
工程缺陷：			*检查内容：	配电室土建质量		
整改意见：						
工程整改情况：						
备注：						

新增　保存　删除

会议通知

❶ ❷
打印　发送　返回

❶ 申请编号【140805349200】已经发送到 竣工报
验 环节, 营业 班 部门处理!

❷
确定

填写关键点：
❶点击"打印"，打印"客户受电工程中间检查意见单"；
❷点击"发送""确定"，将流程发送至下一环节。

147

竣工检验

本作业的主要内容包括：受理客户的竣工检验申请，审核报验资料是否齐全有效，对客户受电装置进行综合验收，提出整改意见，直至验收合格具备接电条件。

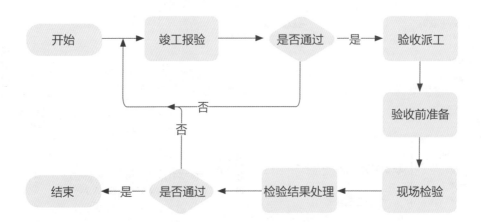

（一）竣工报验

工作内容

√ 受理竣工报验申请。

√ 审核竣工报验资料的有效性和完整性。

注意事项

√ 客户应填写受电工程竣工时间、意向接电时间，并提交"新设备加入系统申请表"。

√ 客户业扩工程竣工报验资料应齐备。

竣工报验 资料清单

序号	资料名称	备注
1	竣工验收申请单： （1）"客户受电工程竣工报验单"（浙电营17-2015） （2）"客户受电工程新设备加入系统申请单"（浙电营16-2015） （3）"业务联系单"（浙电营25-2015） （4）"联系人资料表"（浙电营06-2015）	必备
2	施工单位的资质证书： （1）承装（修、试）电力设施许可证 （2）外省施工单位应提供备案证明和报告证明	若设计文件审核环节、中间检查环节已提供，无需再次提供
3	设计单位的资质证书	
4	接地电阻测量记录	
5	施工单位出具的竣工图及说明、电气试验报告及保护整定调试记录	必备
6	值班电工名单及资格	必备

客户受电工竣工报验单（示例）

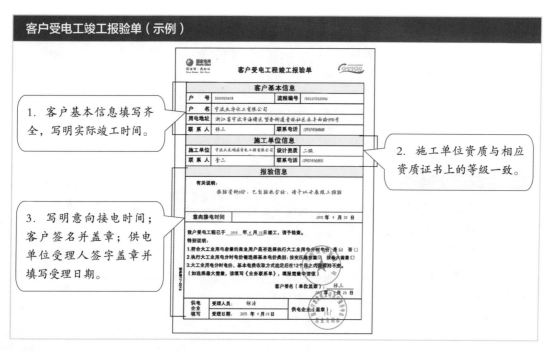

1. 客户基本信息填写齐全，写明实际竣工时间。

2. 施工单位资质与相应资质证书上的等级一致。

3. 写明意向接电时间；客户签名并盖章；供电单位受理人签字盖章并填写受理日期。

客户受电工程新设备加入系统申请单（示例）

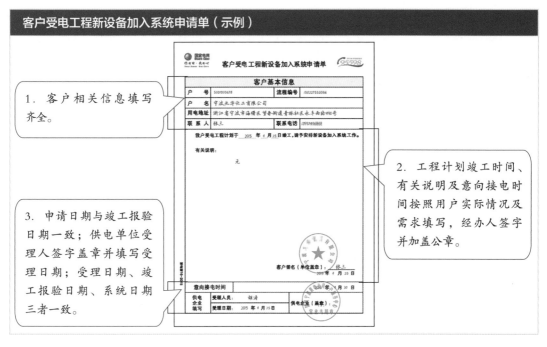

1. 客户相关信息填写齐全。

2. 工程计划竣工时间、有关说明及意向接电时间按照用户实际情况及需求填写，经办人签字并加盖公章。

3. 申请日期与竣工报验日期一致；供电单位受理人签字盖章并填写受理日期；受理日期、竣工报验日期、系统日期三者一致。

竣工图

1. 盖竣工图章

电气试验报告

1. 试品参数、测试项目齐全。
2. 试验结果结论清楚。
3. 电气试验单位盖章，具有相应资质。

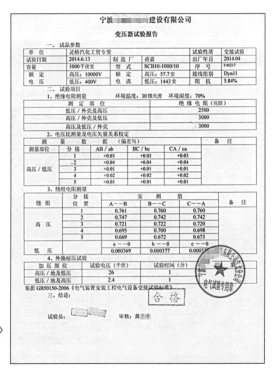

宁波 ▓▓▓▓▓ 建设有限公司

变压器试验报告

一、试品参数

单　位	灵桥汽化工贸专变		试验性质	交接试验
试验日期	2014.6.13	制造厂　甬嘉	出厂年月	2014.04
容量	1000千伏变	型　式　SCB10-1000/10	序　号	F40217
额　定	高压: 10000V	额　定　高压: 57.7安	接线组别	Dyn11
电　压	低压: 400V	电　流　低压: 1443安	阻　抗	5.84%

二、试验项目

1、绝缘电阻测量　环境温度: 30摄氏度　环境湿度: 70%

测　定　部　位	绝缘电阻（兆欧）
低压／外壳及高压	2500
高压／外壳及低压	3000
高压及低压／外壳	3000

2、电压比测量及电压矢量关系校定

测　量　数　据				（偏差%）	备　注
测量部位	分接	AB / ab	BC / bc	CA / ca	
高压 / 低压	1	+0.03	+0.03	+0.03	
	2	+0.04	+0.04	+0.04	
	3	+0.01	+0.01	+0.01	
	4	+0.02	+0.02	+0.02	
	5	+0.01	+0.01	+0.01	

3、绕组电阻测量

绕　组	分接位置	实　测　值			备　注
		A——B	B——C	C——A	
高　压	1	0.761	0.760	0.760	
	2	0.747	0.742	0.742	
	3	0.721	0.722	0.720	
	4	0.695	0.700	0.698	
	5	0.669	0.672	0.673	
低　压		a——0	b——0	c——0	
		0.000369	0.000377	0.000▓▓	

4、外施耐压试验

加压部位	试验电压（千伏）	试验时间（分）
高压／地及低压	26	1
低压／地及高压	2.4	1

依据 GB50150-2006《电气装置安装工程电气设备交接试验标准》

三、结论:

合　格

试验员：▓▓▓▓　　　审核：黄▓▓

电气主设备型式试验报告

1. 高压电气设备需提供型式试验报告。
2. 型式试验报告测试项目齐全。
3. 产品技术参数符合要求。
4. 提供认证的设备型号与实际相符。

3C认证证书

1. 低压电气设备需提供3C认证证书。
2. 产品制造商、地址、名称、型号等信息清楚明了。
3. 产品标准和技术要求符合规定，有效期时间有效。
4. 提供认证的设备型号与实际相符。

安全工器具试验报告

1. 试验项目、方法、参数符合标准。
2. 试验用仪器设备资质符合要求。
3. 试验结果结论清楚。

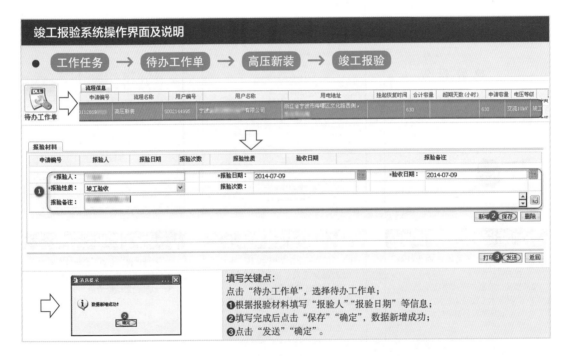

（二）验收派工

竣工报验系统操作界面及说明

工作任务 → 待办工作单 → 高压新装 → 验收派工

填写关键点：
点击"待办工作单"，选择待办工作单；
❶选中待派工项目；
❷选择"接收人员"，点击"发送""确定"；
❸点击"确定"，派工成功。

（三）验收前准备

1. 检验工作组织

工作内容

√ 客户经理应联系运检部门、调度部门等相关人员，确定联合验收时间。

√ 现场验收前，应提前与客户预约时间，告知验收项目和应配合的工作。

生产部门

调度部门

客户经理

客户

设备厂家

施工单位

2. 填写工作票、作业卡、措施卡

工作内容

√ 验收前填写"用户业扩工程验收标准化作业卡"和"客户业扩工程危险点预防措施卡"。

√ 高压客户增（减）容受电工程中间检查、竣工检验需停电的，应使用"配电第一种工作票"，工作票实行双签发制度，由供电企业和客户签发，由客户电气值班人员许可，客户经理为工作负责人。

客户业扩工程危险点预防措施卡（示例）

用户业扩工程验收标准化作业卡（示例）

一、用户资料

1. 户名：宁波XXXX有限公司

2. 户号：500214XXXX；流程号：14041779XXXX

3. 地址：浙江省宁波市海曙XX街道XX南路西侧，XXX北侧，XXX南侧，XXX东侧

二、出发前准备

1. 个人着装（工作服、安全帽）	
2. 资料齐全（竣工图、审图意见单、技术变更单、施工单位安全交底卡）	
3. 工器具准备（验电笔、照明工具、万用表、卡尺、卷尺等）	

三、站班会

1. 确认电源接入点电缆未搭接	
2. 安全交底:接入点状态、现场安全措施及注意事项	
3. 工作分工：高压柜、低压柜、变压器、计量装置等	

四、现场危险点及措施

1. 工作人员进入生产现场（办公室、控制室、值班室和检修班组室除外）应正确佩戴安全帽。着装符合电力安全工作规程（女性严禁穿裙子和高跟鞋）
2. 现场注意高空落物，防误踩孔洞，防地面尖锐物刺伤
3. 现场工作必须由两人进行，其中一人做好监护工作，严禁单人工作
4. 工作开始前，通过两个及以上指示装置确认客户受电装置是否处于带电状态，与外电网是否有明显断开点
5. 验收工作中，禁止进入带电已运行设备区域
6. 通电工作中，无论高低压设备是否带电，工作人员与设备的安全距离必须保持电力安全工作规程所规定的安全距离
7. 通电工作中，严禁代替用户操作所有的用户设备及相关设施
8. 严禁移动现场任何遮栏等安全措施
工作人员签字：

用户业扩工程验收标准化作业卡（示例）

分类	验收要求	合格与否	存在问题及整改情况
	竣工检验内容		
	成套高压柜命名是否规范（前后命名一致），进线柜标明线路双置命名		存在问题：
涉网设备	柜体、断路器、保护单元、电容电抗等设备型号、主要参数与施工图是否一致		
	柜体安装牢固，垂直度、水平度满足要求		
	试分、合高低压开关、刀闸，分合闸指示位置明确，操动作机构动作可靠、灵活		
	带电部位之间、带电部位对外壳的安全距离是否符合要求		
	开关微传动试验，是否能可靠分、合，分、合闸指示是否正常（工作位置、试验位置、冷备位置）。传动试验可采用手动、自动		
	各电气联锁、机械闭锁是否符合设计要求（二锁一匙、三锁二匙、备自投装置）闭锁装置安全可靠，不允许出现高压合环现象		
	变压器容量、型号、主要参数与施工图是否一致		
计量装置	检查计量柜（箱）、侧板、顶、背面等是否全封闭且不能拆除。加封后应达到全封闭无缝隙、检查计量柜（箱）内部所有洞孔要求全部封堵		整改情况：
	电能表安装位置是否正对观察窗		
	表计、电流互感器、接线应正确，联合接线盒电流端子应打开，电压端子应连接。接线端子不能并联其他接线。电流选用4毫米²，电压选用2.5毫米²，负控接点是否接入计量柜		
	变压器的一次、二次端子接线连接是否良好可靠，变压器中心点、外壳接地是否可靠		复验人日期
	变压器的型号、接线组别、短路阻抗等是否符合设计要求		

分类	验收要求	合格与否	存在问题及整改情况
继电保护	直流屏型号及主要参数参数是否符合设计要求		存在问题：
	保护定值设置正确，传动试验符合运行要求		
	重要客户还应查验以下内容		
自备电源	不并网自备电源的投切装置应具备可靠的防误闭锁装置		存在问题：
	发电机外壳和中性点应单独可靠接地，检查接地连接处应无锈蚀。发电机燃油应单独放置，消防措施可靠		
配电机房	房屋建筑防火、防汛、防雨雪冰冻、防小动物等措施完善，通风良好		
	高低压配电设备（施）安装位置、通道距离符合要求		
运行准备	电气主接线模拟图板与实际相符		整改情况：
	是否配置足够的安全帽、接地线、验电笔、绝缘手套、绝缘靴等安全工器具和常用测量仪表，并试验合格		
	安全帽、接地线、验电笔、绝缘手套、绝缘靴、警示牌是否齐全		复验人日期
	高、低压柜前后配置绝缘毯		
工作终结	汇总各组验收情况、存在问题及整改要求，填写竣工检验意见单		
	一次性告知客户验收汇总情况，对需存在问题提出整改意见，并要求客户确认签字		
验收合格	填写验收合格意见单		备注：

配电第一种工作票（示例）

1. 将单位、编号、工作负责人、班组等信息填写齐全。

2. 明确待竣工检验的设备范围。

3. 填写应拉断路器（开关）和隔离开关（闸刀）（注明设备双重名称）。

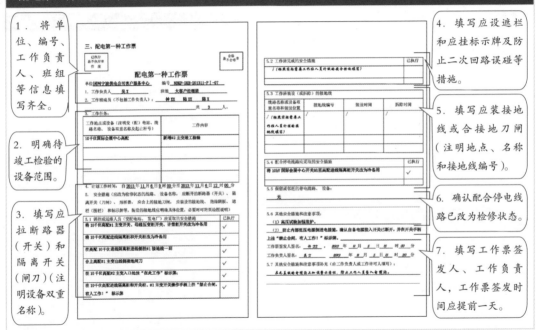

4. 填写应设遮栏和应挂标示牌及防止二次回路误碰等措施。

5. 填写应装接地线或合接地刀闸（注明地点、名称和接地线编号）。

6. 确认配合停电线路已改为检修状态。

7. 填写工作票签发人、工作负责人，工作票签发时间应提前一天。

配电第一种工作票（示例）

8. 填写许可线路、许可方式、许可人、工作负责人签名、许可工作时间后方可开始工作。

9. 如工作现场有人员变更，在工作票中填写人员变更情况，履行变更和交接手续。

10. 因故不能完成工作任务时应履行工作票延期手续，在工作票上填写延期相关内容。

6. 工作许可：

许可的线路或设备	许可方式	工作许可人	工作负责人签名	许可工作的时间
XXX馈线金属中心开关柜	当面	程刀（用户值班电工）	吴2	2013年11月6日9时15分
				年 月 日 时 分
				年 月 日 时 分
				年 月 日 时 分

7. 工作任务单登记：

工作任务单编号	工作任务	小组负责人	工作许可时间	工作结束报告时间

8. 现场交底，工作班成员确认工作负责人布置的工作任务、人员分工、安全措施和注意事项并签名：吴2 程22 张2

9. 人员变更
9.1 工作负责人变动情况：原工作负责人 吴2 离去，变更 程22 为工作负责人。
工作票签发人 吴22（程22代签） 2013年 11月 6日 10时 00分
原工作负责人签名确认：吴2 新工作负责人签名确认：程22
2013年 11月 6日 10时 05分

9.2 工作人员变动情况：

新增人员	姓名	葛22	变更时间	2013年11月6日10：30	/	/
离开人员	姓名	张22	变更时间	2013年11月6日10：30	/	/

工作负责人签名：程22

10. 工作票延期：有效期延长到 2013年 11月 6日 14时 00分。
工作许可人签名：程22 2013年 11月 6日 13时 45分
工作负责人签名：程刀（用户值班电工） 2013年 11月 6日 13时 45分

11. 每日开工和收工记录（使用一天的工作票不必填写）：

收工时间	工作负责人	工作许可人	开工时间	工作许可人	工作负责人

12. 工作终结：
12.1 工作班现场所领设备接地线共 / 组，个人保安线共 / 组已全部拆除。工作班人员已全部撤离现场，材料工具已清理完毕，杆塔、设备上已无遗留物。
12.2 工作终结报告：

终结的线路或设备	报告方式	工作负责人	工作许可人	终结报告时间
XXX馈线金属中心开关柜	当面	程22	程刀（电工）	年 月 日 时 分
				年 月 日 时 分

13. 备注：
13.1 指定专责监护人 张2 负责监护 XXX馈线金属中心开关柜至室内电缆工程施工作业这段工作 （地点及具体工作）
13.2 其他事项：无

附图

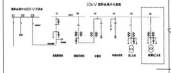

10kV 国华金属中心高压

11. 工作全部结束后，工作负责人确定工作人员已全部撤离工作现场，所挂接地线已全部拆除，填上工作结束时间，并在该栏内签名确认。

12. 若工作现场有专责监护人则填写监护人姓名及监护范围。

3. 验收工器具准备

工作内容

√ 个人防护用品：安全帽、工作服、绝缘手套、绝缘靴等。

√ 常用工具材料：接地线、验电笔、警告牌、围栏、测量工具等。

验电笔

变压器容量测试仪

安全帽

绝缘手套与绝缘靴

接地线

（四）现场检验

1. 现场安全措施落实

工作内容

（1）现场设备状态确认

　　√ 确认进、出线电缆未搭接。

　　√ 如进、出线电缆已搭接，应使用"配电第一种工作票"，进、出线开关应为检修状态。

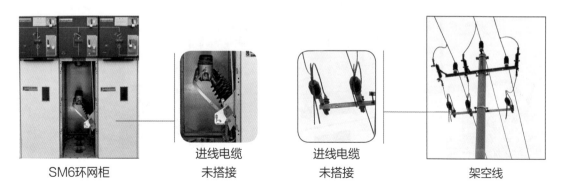

SM6环网柜　　　　进线电缆　　　进线电缆　　　　架空线
　　　　　　　　　未搭接　　　　未搭接

工作内容

（2）现场工作票许可

  √ 按工作票要求做好现场安全措施（验电、挂接地线、装设围栏）。

  √ 确定现场安全措施符合要求并履行工作票许可制度。

装设围栏

验电

2. 现场站班会

工作内容

√ 现场安全交底，告知现场设备状态、现场危险点及防范措施。

√ 工作任务布置，分组工作，明确职责任务。

√ 验收参与人员在站班会记录卡上签字确认。

现场站班会

签字确认

3. 现场检验

工作内容

（1）基本信息核对

　√ 用户名称、用户地址、法定代表人、电气负责人、联系电话等信息与申请资料的一致性。

　√ 电气设备是否符合国家的政策、法规，是否存在使用国家明令淘汰的电气产品。

　√ 对冲击负荷、非对称负荷及谐波源设备等非线性用电设备，是否采取有效的治理措施。

　√ 是否有多种性质的用电负荷存在。

　√ 现场验收应核对客户现场相关信息与批准的供电方案是否一致。

工作内容

（2）受电线路

∨ 架空和电缆线路的安全距离及附属装置符合规范要求。

∨ 接地装置连接可靠。

∨ 线路命名符合要求，架空杆号牌设置明显。

∨ 线路相位正确。

∨ 电缆路径标识明显，支架安装牢固，防护措施完善。

电缆路径标识

工作内容

（3）配电室（变压器室）

√ 房屋建筑防火、防汛、防雨雪冰冻、防小动物等措施完善，通风良好。

√ 配电室周围通道畅通，道路平整。

√ 通风窗口应配置钢网，门向外开启，门锁装置完整良好，防小动物挡板位置合适。

√ 配电室内环境整洁，地面、通道无杂物堆放。

√ 室内照明符合要求。

√ 高低压配电设备（施）安装位置、通道距离符合要求。

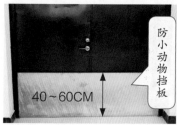

工作内容

（3）配电室（变压器室）

√ 设备命名正确。

√ 电缆沟内不积水，盖板平整完好，符合防火要求，电缆孔（洞）已封堵。

√ 墙上刀闸安装位置正确，操作灵活，安全距离符合要求。

设备命名正确

电缆沟盖板平整完好

工作内容

（4）变压器

√ 交接试验项目齐全、结论合格；变压器安装符合GB 50148—2010《电气装置安装工程　电力变压器、油浸电抗器、互感器施工及验收规范》的要求，容量、型号与设计相符。

√ 电压分接开关操作无卡滞，分接指示正确。

√ 高低压母排相色标识正确。

√ 变压器命名牌已装挂，命名及编号准确无误。

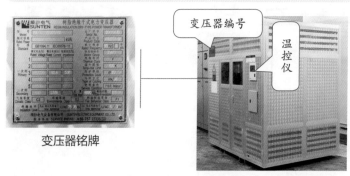

变压器铭牌

干式变压器（外）

干式变压器（内）

工作内容

（4）变压器

√ 油位正常；气体继电器、温度计安装正确；防爆管、防爆膜、呼吸器及硅胶良好；全封闭变压器压力释放装置符合投运要求。

√ 二次接线正确、动作可靠；气体继电器无异常。

√ 变压器外壳、中性点等接地符合要求。

√ 油浸变压器外壳完整无渗漏油，干式变压器外绝缘无裂缝，瓷瓶无破裂和放电痕迹。

√ 运行中的油浸变压器应用围栏隔离并悬挂"止步，高压危险"警示牌，围栏高度要达到170厘米，围栏间距不大于10厘米，与变压器的安全距离应符合标准。

气体继电器

支撑绝缘子

接地

温度器

油浸式变压器

工作内容

（5）开关柜

  √ 试验项目齐全、结论合格；安装符
合要求，型号、规格与设计相符。

  √ 试分、合高低压开关、刀闸，分、
合闸指示位置明确，操动机构动作
可靠、灵活。

  √ 开关柜接地良好，柜内各电气连接
紧密可靠。

  √ 柜体密封良好，金属件表面无锈蚀，
符合防护等级的要求。

  √ 柜体安装牢固，垂直度、水平度满
足要求。

  √ 控制按钮颜色满足要求。

  √ 接地开关与机构的联动正常，无卡
阻现象。

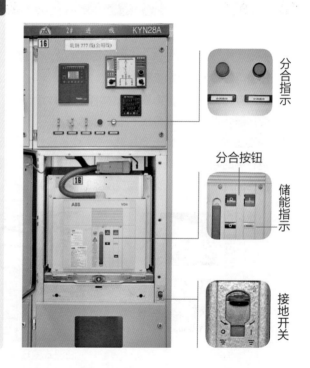

分合指示

分合按钮

储能指示

接地开关

常见高压柜类型

出线柜

电压互感器柜

计量柜

总柜

进线隔离柜

KYN28A中置柜

总柜

计量柜

出线柜

电压互感器柜

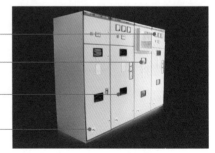

HXGN环网柜

常见高压柜类型

进线隔离柜
总柜
计量柜
电压互感器柜
出线柜

XGN66中置柜

进线隔离柜
总柜
计量柜
电压互感器柜
出线柜
母联

UniGear中置柜

常见低压柜类型

出线柜

电容补偿柜

出线柜

低压总柜

GCS

低压总柜

电容补偿柜

出线柜

出线柜

8PT

常见低压柜类型

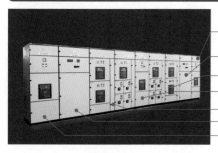

低压总柜

电容补偿柜

出线柜

联络柜

出线柜

电容补偿柜

低压总柜

MD190

低压总柜

电容补偿柜

电容补偿柜

出线柜

Okken

工作内容

（6）断路器

√ 外观清洁、无放电痕迹、油漆完整。

√ 断路器与机构的联动正常，无卡阻现象。

√ 储能弹簧储能指示正确。

√ 操作时活门挡板起降应能启闭到位、平衡、可靠、无卡滞。

高压断路器

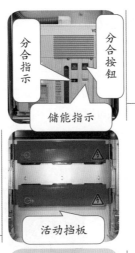

分合指示

分合按钮

储能指示

活动挡板

分合按钮

高压断路器

低压断路器

工作内容

（7）闭锁装置

　　√ 各开关柜防误装置应可靠、有效，符合"五防"要求。

　　√ 不同电源间的闭锁装置符合设计要求，并按停、送电程序进行联锁

　　　操作，程序正确，联锁可靠。

　　√ 防误闭锁的钥匙应妥善保管，数量应正确。

机械锁

"五防"联锁

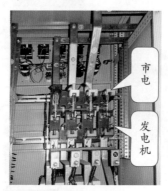

四极双投闸刀

自备电源切换

工作内容

（8）母线

  √ 母线外观清洁，热缩材料平整无破损。

  √ 母线安装牢固，安装工艺符合规范。

  √ 母线要求母线相色标志齐全、正确，母线带电体间及带电本对其他物体间距离符合GB 50149—2010《电气装置安装工程　母线装置施工及验收规范》的规定。

  √ 母线截面满足设计要求。

  √ 支持绝缘子外观清洁，无裂纹、无破损。

支持绝缘子

低压母排

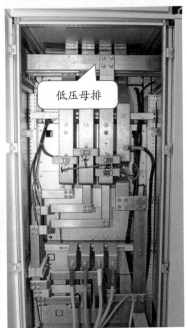

低压母排

179

工作内容

（9）互感器

　　√ 试验项目齐全，结论合格。

　　√ 安装符合要求，型号、规格、精度、变比与设计相符。

　　√ 本体无裂纹、破损，外表整洁，无渗漏油。

　　√ 一、二次接线正确，接地符合要求。

低压电流互感器

电流互感器

保护熔管

电压互感器

工作内容

（10）无功补偿装置

　√ 试验项目齐全，结论合格；安装符合要求，型号、规格、容量与设计相符。

　√ 布线及接线正确合理，无功补偿控制器采样电流回路接线正确。

　√ 电容器无鼓肚、渗漏油现象，安装牢固。

　√ 熔断器熔丝的额定电流应与电容器容量相匹配。

　√ 交流接触器型号、规格符合设计要求，限流电阻安装正确，连接牢固，放电回路完整。

无功补偿柜（外）

智能电容

保护熔管　交流接触器

电抗器

电容器

无功补偿柜（内）

工作内容

（11）防雷、接地装置

√ 试验报告试验项目齐全，结论合格；安装符合要求。

√ 线路避雷器应安装在线路侧、接地可靠。接地应直接在接地排上，不采用过渡接地。

√ 接地线沿建筑物墙壁水平敷设时，离地面距离宜为250~300毫米；接地线与建筑物墙壁间的间隙宜为10~15毫米；明敷接地线，在导体的全长度或区间段及每个连接部位附近的表面，涂以15~100毫米宽度相等的绿色和黄色相间的条纹标识。

√ 接地电阻值大小应符合设计要求。

避雷器

外露接地排

工作内容

（12）继电保护装置

∨ 压板命名正确，连接线编号、截面符合
要求。

∨ 保护定值设置正确，传动试验应正确
动作。

∨ 直流操作电源接线正确，直流电压正常。

二次接线端子

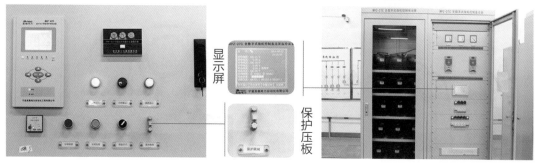

显示屏

保护压板

微机保护

直流屏

工作内容

（13）安全工器具(重要电力客户需检查）

√ 验电笔、接地线、绝缘手套、绝缘靴、标示牌、安全遮栏、灭火器等配置齐全，经具备相应资质的试验单位试验合格并在有效期内。

√ 安全工器具放置合理，应编号并定置存放。

√ 绝缘垫铺设符合要求。

√ 应配置应急照明设备。

绝缘手套、绝缘靴

灭火器

标示牌

照明工具

工作内容

（14）自备电源

√ 不并网自备电源的投切装置应具备可靠的防误闭锁装置。

√ 发电机外壳和中性点应单独可靠接地，检查接地连接处应无锈蚀。

√ 检查自备发电机是否有渗漏油现象，检查蓄电池等自备电源启动装置是否有效。

√ 发电机燃油应单独放置，消防措施可靠，油量应满足其自身应急要求。

自备发电机

投切装置

185

工作内容

（14）自备电源

√ 应具备自备电源投切管理制度、开停机记录。

√ 对利用不间断电源（UPS）、消防应急电源（EPS）作为应
急电源的，检查配置应满足要求。

√ 自备应急电源配置容量应至少满足全部保安负荷正常供电的
需要。

√ 电源切换时间应满足要求。

自动投切装置（外）

EPS

电池组

自动投切装置（内）

工作内容

（15）运行管理（重要电力客户需检查）

 √ 电气主接线模拟图板与实际相符。

 √ 运行管理制度齐全（交接班制度、设备缺陷管理制度、巡回检查制度、值班员岗位责任制度等）。

 √ 检查规程齐全（电气安全工作规程、现场运行规程、典型操作票、事故处理规程等）。

 √ 停电应急预案符合实际，可操作性强。

 √ 负荷记录簿、事故记录簿、缺陷记录簿、交接班记录簿等簿册齐全。

 √ 按规定配备持有进网作业许可证的电气运行人员。

 √ 电气运行人员应熟悉电气设备。

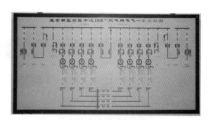

电气一次模拟图

运行管理制度

4. 检验结果处理

工作内容

√ 出具"客户受电工程竣工检验意见单"，填写清晰、规范、完整。

√ 一次性告知存在的缺陷，明确整改要求，请客户确认后签字。

√ 指导客户对缺陷进行整改，跟踪整改进度。

√ 复验，直至验收合格。

注意事项

√ 客户应对竣工检验过程中发现的缺陷进行整改，整改完成后再次报验，复验未合格之前不予送电。

√ 再次报验的受电工程，客户须按相关物价文件规定交纳重复检验费用。

客户受电工程竣工检验意见单（示例）

5. 录入营销业务系统

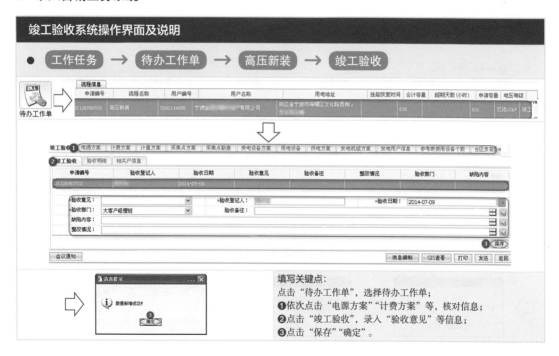

竹工验收系统操作界面及说明

● 工作任务 → 待办工作单 → 高压新装 → 竹工验收

填写关键点:

点击"待办工作单",选择待办工作单;

❶依次点击"电源方案""计费方案"等,核对信息;

❷点击"竣工验收",录入"验收意见"等信息;

❸点击"保存""确定"。

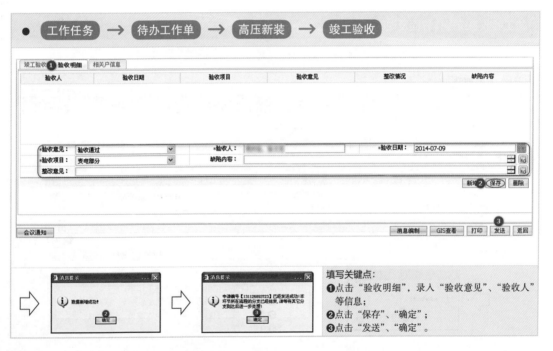

工作任务 → 待办工作单 → 高压新装 → 竣工验收

填写关键点：
❶点击"验收明细"，录入"验收意见"、"验收人"等信息；
❷点击"保存"、"确定"；
❸点击"发送"、"确定"。

九 签订供用电合同

　　本作业的主要内容包括：根据国家电网公司合同范本起草供用电合同文本，经相关专业部门审核后，与客户协商签订供用电合同，同时将相关信息录入营销业务系统，完成合同归档。

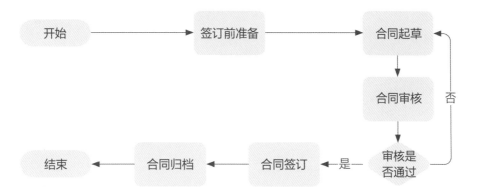

（一）签订前准备

工作内容

√ 供用电合同正式签订前，作业人员应核查电费结算协议、电力调度协议、供电设施运行维护管理
协议等有关附件（资料）是否齐备。

√ 签订供用电合同前应对客户的主体资格、法人代表身份证明材料和客户签约人资格等进行严格审
核，防止无效合同和产生合同风险。

合同起草派工系统操作界面及说明

● 工作任务 → 待办工作单 → 高压新装 → 合同起草派工

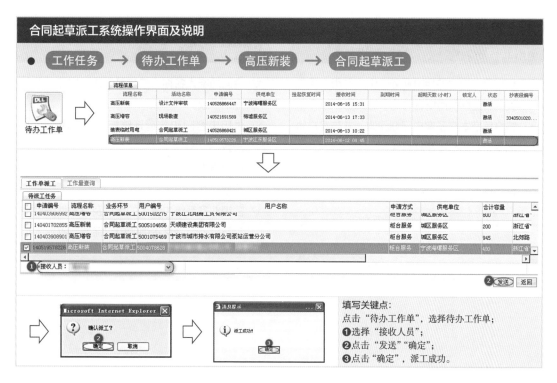

填写关键点：
点击"待办工作单"，选择待办工作单；
❶选择"接收人员"；
❷点击"发送""确定"；
❸点击"确定"，派工成功。

（二）合同起草

工作内容

√ 根据客户申请的用电业务、电压等级、用电
类别，选择供用电合同范本的类型。

√ 将合同范本交予客户仔细阅读，并与客户协
商确定合同初稿及其附件。

√ 在营销业务系统内录入合同文本初稿及其附
件等信息。

注意事项

√ 合同用电人名称，应与其主体资格证书上名
称相一致。

√ 供用电合同和营销系统相对应的内容必须
一致。

√ 供用电设施产权分界点的确定，应符合供电
营业规则的规定。

√ 营销业务系统内录入的合同及其附件信息必
须与机外合同文本中的内容保持一致。

合同起草操作界面及说明

● 工作任务 → 待办工作单 → 高压新装 → 合同起草

填写关键点:
点击"待办工作单",选择待办工作单;
❶点击"合同起草",填写"起草人员""起草时间"等信息;
❷ 点击"保存""确定"。

● 工作任务 → 待办工作单 → 高压新装 → 合同起草

合同信息 合同附件

❶
* *合同类别：高压供用电合同
* *有效期：60　⊙月　○天
* 合同文本形式：自由格式文本
* 电子文件路径：D:\合同\宁波市　　　有限公司.doc

* *范本名称：宁波市　　　有限公司
* 文件路径：

用电方信息　补充条款　合同编辑　查看 ❷保存

合同信息 **合同附件**

附件类型	附件名称	提交时间	操作人

❸
* *附件类型：电费结算协议
* 附件说明：
* 协议类型：缴费协议
* 文件路径：
* 电子文件路径：

* *附件名称：宁波市　　　有限公司
* *提交时间：2014-07-09
* *操作人：

预览　普通结算违约金起算日　生成缴费协议　生成分次划缴协议 ❺分次结算违约金起算日　查看　新增❹ 保存　删除　批量应用

分次结算协议信息

用户编号	期数	分次收费日	协议收费日	违约金计算方式	计量值	签订日期	生效起始年月	生效终止年月	划缴协议备注

❻

分次结算协议信息
* *期数：1
* 生效起始年月：
* 划缴协议备注：

* *违约金计算方式：
* 生效终止年月：

* *计量值：15
* *抄表例日：5

指定日期
指定延后天数
当月最后一天(月末)
抄表例日后加指定天数

❽ 增加　修改　删除 ❼保存　返回

消息提示 ✕

ⓘ 分次结算协议维护成功！

❼ 确定

填写关键点：
❶点击"合同信息"，填写"合同类别""范本名称"等信息；　　　❷点击"保存""确定"；
❸点击"合同附件"，填写"附件类型""附件名称"等信息；　　　❹点击"保存""确定"；
❺点击"分次结算违约金日"；　　　❻点击"增加"，填写"期数""违约金计算方式"等第一次结算协议信息；
❼点击"保存""确定"；　　　❽点击"增加"，增加二次结算协议信息。

● 工作任务 → 待办工作单 → 高压新装 → 合同起草

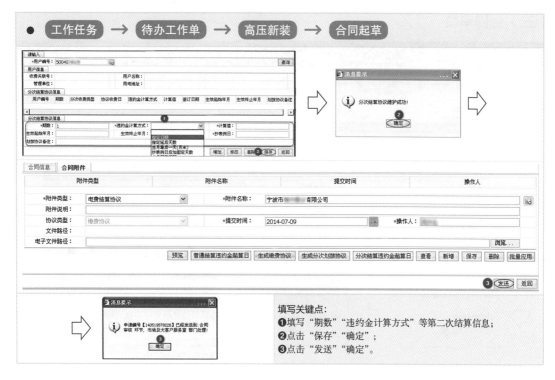

填写关键点：
❶填写"期数""违约金计算方式"等第二次结算信息；
❷点击"保存""确定"；
❸点击"发送""确定"。

（三）合同审核

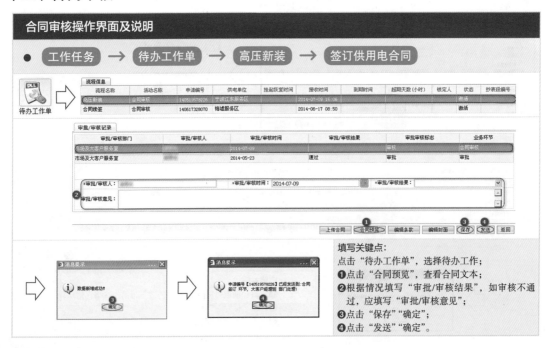

合同审核操作界面及说明

● 工作任务 → 待办工作单 → 高压新装 → 签订供用电合同

待办工作单

流程信息

流程名称	活动名称	申请编号	供电单位	挂起恢复时间	接收时间	到期时间	超期天数(小时)	核定人	状态	抄表段编号
高压新装	合同审核	140519578226	宁波江东服务区		2014-07-09 15:06				激活	
合同续签	合同审核	140617328070	梅墟服务区		2014-06-17 08:50				激活	

审批/审核记录

审批/审核部门	审批/审核人	审批/审核时间	审批/审核结果	审批审核标志	业务环节
市场及大客户服务室		2014-07-09		审核	合同审核
市场及大客户服务室		2014-05-23	通过	审批	审批

*审批/审核人：　　　　　　　　　*审批/审核时间：2014-07-09　　　*审批/审核结果：

②审批/审核意见：

上传合同　❶合同预览　编辑条款　编辑封面　❸保存　❹发送　返回

消息提示
ⓘ 数据新增成功！
❸ 确定

消息提示
ⓘ 申请编号【140519578226】已经发送到「合同签订」环节，大客户经理班「部门」处理！
❹ 确定

填写关键点：
点击"待办工作单"，选择待办工作；
❶点击"合同预览"，查看合同文本；
②根据情况填写"审批/审核结果"，如审核不通过，应填写"审批/审核意见"；
❸点击"保存""确定"；
❹点击"发送""确定"。

（四）合同签订

工作内容

√ 核实客户方签约人资格。当签约方为委托代理人时，应确认委托代理人身份，并将授权委托书作为合同附件。

√ 供电企业将供用电合同签字盖章并加盖骑缝章后，文本送交客户，记录客户接收供用电合同的日期，约定合同的签约时间；客户在合同文本上指定位置签字盖章、加盖骑缝章，并填写签约日期及签约地点。

√ 在营销系统中录入客户签收人、签约日期、答复日期、答复方式、客户意见、供用电双方签约人、合同有效期、签署日期、签约地点，并发送至合同归档环节。

合同签订操作界面及说明

● 工作任务 → 待办工作单 → 高压新装 → 合同签订

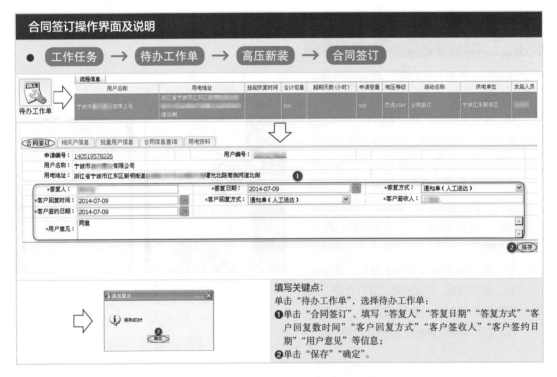

填写关键点：

单击"待办工作单"，选择待办工作单：

❶单击"合同签订"、填写"答复人""答复日期""答复方式""客户回复数时间""客户回复方式""客户签收人""客户签约日期""用户意见"等信息；

❷单击"保存""确定"。

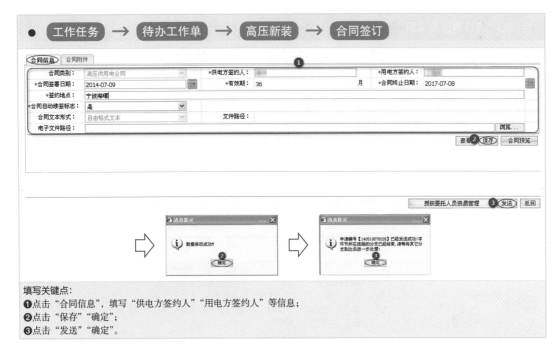

● 工作任务 → 待办工作单 → 高压新装 → 合同签订

合同信息 | 合同附件

合同类别：	高压供用电合同		*供电方签约人：			*用电方签约人：	
*合同签署日期：	2014-07-09		*有效期：	36	月	*合同终止日期：	2017-07-08	
*签约地点：	宁波海曙							
*合同自动续签标志：	是							
合同文本形式：	自由格式文本		文件路径：					
电子文件路径：								浏览...

查看 ❷ 保存 合同预览

授权委托人员资质管理 ❸ 发送 返回

消息提示
ⓘ 数据修改成功!
❷ 确定

消息提示
ⓘ 申请编号【140519578226】已经发送成功!本环节所在流程的分支已经结束,请等待其它分支到达后进一步处理!
❸ 确定

填写关键点：
❶点击"合同信息",填写"供电方签约人""用电方签约人"等信息;
❷点击"保存""确定";
❸点击"发送""确定"。

（五）合同归档

合同归档操作界面及说明

● 工作任务 → 待办工作单 → 高压新装 → 合同归档

填写关键点：
点击"待办工作单"，选择待办工作单；
❶点击"合同归档"核对"操作人""归档时间"等归档信息；
❷点击"保存""确定"。

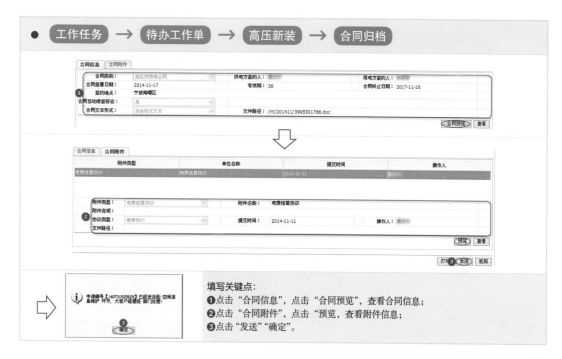

工作任务 → 待办工作单 → 高压新装 → 合同归档

填写关键点：
❶ 点击"合同信息"，点击"合同预览"，查看合同信息；
❷ 点击"合同附件"，点击"预览，查看附件信息；
❸ 点击"发送""确定"。

装表

> 本作业的主要内容包括：接受装表任务进行配表、安装派工、领表；完成现场装接；信息录入和归档等。

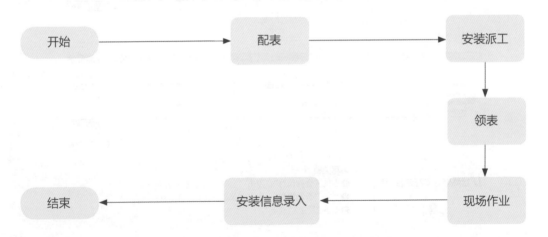

（一）配表

装接人员接受装表任务，并在营销系统内完成配表。

配表操作界面及说明

● 工作任务 → 待办工作单 → 高压新装 → 配表

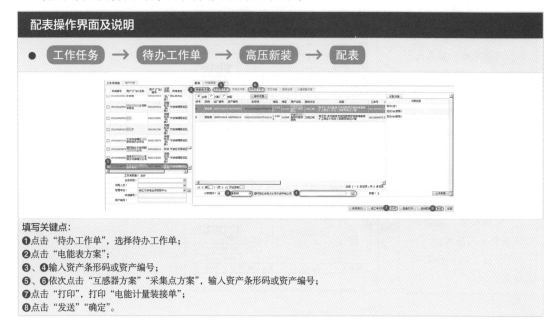

填写关键点：
❶点击"待办工作单"，选择待办工作单；
❷点击"电能表方案"；
❸、❹输入资产条形码或资产编号；
❺、❻依次点击"互感器方案""采集点方案"，输入资产条形码或资产编号；
❼点击"打印"，打印"电能计量装接单"；
❽点击"发送""确定"。

高压电能计量装接单（示例）

1. 户号、流程编号、户名、用电地址、联系人、联系电话、供电电压、合同容量计量方式、接线方式由系统打印，需现场核实客户基本信息。

3. 客户签名：装接完毕，由客户代表签字。

4. 装接人员：按实际现场装接人签名。

5. 装接日期：按实际填写。

2. 该信息由系统打印，现场核对资产编号、倍率、规格型号、计量点名称等。

高压电能计量装接单

客户基本信息

户　号	5001000578	申请类别	新装	流程编号	150227982		
户　名	宁波××有限公司						
用电地址	浙江省宁波市海曙区望春街道青林社区永丰西路						
联 系 人	张三	联系电话	13957490	供电电压	交流10千伏		
合同容量	1000千伏安	计量方式	高供高计	接线方式	三相三线		

安装计量装置信息

装/拆	资产编号	计量器具	装表位置	倍率合计	首次	倍率	规格型号	计量点名称
安装	0100974088	电能（总）	表区、惟信	6.2	0	10000	18倍安	DSZ178	
安装	0100974088	有功（尖）	表区、惟信	6.2	0	10000	18倍安	DSZ178	
安装	0100974088	有功（峰）	表区、惟信	6.3	0	10000	18倍安	DSZ178	
安装	0100974088	有功（平）	表区、惟信	6.2	0	10000	18倍安	DSZ178	
安装	0100974088	无功 IO1表阶	表区、惟信	6.2	0	10000	18倍安	DSZ178	
安装	0100974088	无功 IO4表阶	表区、惟信	6.2	0	10000	18倍安	DSZ178	
安装	0014862611	负控设备		/	/			
安装	0005913016	电流互感器	表区、惟信	0	75/5		LZZBJ9-10	
安装	0005912279	电流互感器	表区、惟信	0	75/5		LZZBJ9-10	
安装	0005134313	电压互感器	表区、惟信	0	10000/100		JDZ10-10	
安装	0005134312	电压互感器	表区、惟信	0	10000/100		JDZ10-10	

流程摘要	无	备注	无	表计、计量柜（框）已加封，电能表终值本人已经确认。
				客户签名 张三
				2015 年 4 月 30 日
装接人员	李四 钱二	装接日期		2015 年 4 月 30 日

（二）安装派工

班组长在接到安装派工工单后，将流程分派给相应的装拆人员接收。

安装派工操作界面及说明

● 工作任务 → 待办工作单 → 高压新装 → 安装派工

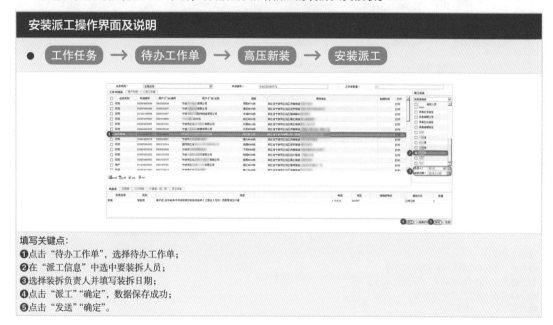

填写关键点：

❶点击"待办工作单"，选择待办工作单；

❷在"派工信息"中选中要装拆人员；

❸选择装拆负责人并填写装拆日期；

❹点击"派工""确定"，数据保存成功；

❺点击"发送""确定"。

（三）领表

领表操作界面及说明

● 工作任务 → 待办工作单 → 高压新装 → 领表

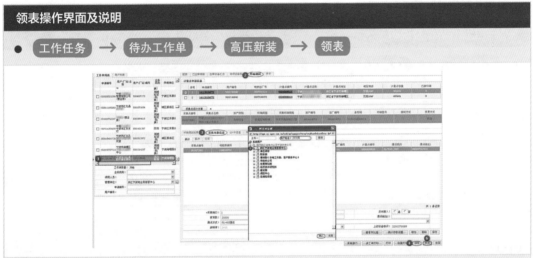

填写关键点：
❶点击"待办工作单"，选择待办工作单；
❷、❸依次点击"终端调试""采集对象信息"；
❹、❺点击"领用"选中领表人；
❻点击"发送""确定"。

（四）现场作业

1. 装表前准备

工作内容

√ 工作负责人到达现场，办理工作票许可手续。

√ 确认现场作业前，召开站班会，告知安全注意事项和危险点，明确作业人员具体分工。

√ 确认安全措施是否到位：

- 检查作业环境；

- 计量柜（箱）体验电（验电前需确认验电笔正常）；

- 检查所有开关均已断开，悬挂标示牌；

- 作业工具绝缘保护应符合《电力安全工作规程》的规定，工具、材料必须妥善放置并站在绝缘垫上进行工作。

办理工作
票手续

所有开关
均已断开

计量柜
（箱）体验电

标示牌
悬挂到位

2. 计量装置验收

工作内容

√ 按照"电能计量装接单",现场核对户
  名、户号及新装电能计量器具(电能
  表,终端,接线盒,互感器)的规格、
  资产编号等内容,检查外观是否完好。

√ 计量柜(箱)是否符合计量装置、控制
  回路接入等安装技术要求,应预留用电
  信息采集终端安装位置。

√ 电能表安装位置应正对观察窗。

√ 检查互感器安装位置及安全距离,查看
  电源进线相色,确定电源侧方向。

√ 计量柜(箱)内部所有洞孔要求全部
  封堵。

电能表核对

互感器核对

控制回路检查

3. 现场安装

工作内容

√ 按施工图要求，连接互感器侧二次回路导线。

- 导线应采用铜质绝缘导线，电流二次回路截面不应小于4毫米^2，电压二次回路截面不应小于2.5毫米^2。
- 互感器至联合接线盒的二次导线不得有接头或中间连接端钮。
- 连接前采用500伏绝缘电阻表测量其绝缘应符合要求。
- 用万用表欧姆挡，校对电压和电流的二次回路导线，并分别编码标识。
- 多绕组的电流互感器应将剩余的组别可靠短路，多抽头的电流互感器严禁将剩余的端钮短路或接地。
- 高压电流、电压互感器二次侧及外壳应可靠接地。

√ 根据接线图，用万用表欧姆挡核对计量柜接线。

√ 把电能表、终端可靠固定在计量柜内，导线与接线盒端钮连接应正确、可靠。

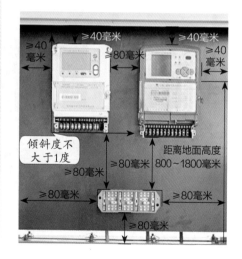

工作内容

√ 将计量回路二次导线依次按编号对应相色接入联合接线盒。

√ 安装完毕，联合接线盒电流、电压连接片位置放置在运行位置。

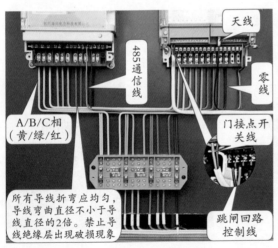

天线

485通信线

零线

A/B/C相
（黄/绿/红）

门接点开关线

跳闸回路控制线

所有导线折弯应均匀，导线弯曲直径不小于导线直径的2倍。禁止导线绝缘层出现破损现象

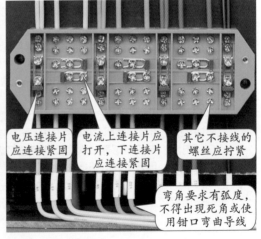

电压连接片应连接紧固

电流上连接片应打开，下连接片应连接紧固

其它不接线的螺丝应拧紧

弯角要求有弧度，不得出现死角或使用钳口弯曲导线

4. 安装检查

工作内容

√ 由工作负责人指定专人对计量设备安装和接线进行核查。

√ 检查电能表安装和接线是否正确，线头应无外露，接线螺丝应拧紧。

√ 检查联合接线盒内连接片位置，确保正确。

√ 检查完毕，未发现问题和错误，扎束导线，装上电能表、终端和接线盒罩壳。

导线扎束

安装表盖

安装接线盒罩壳

5. 安装完结

工作内容

√ 确认安装无误后，对计量设备加封封印，并在装表工作单上记录封印编号。

√ 新装电能表起度拍照。用专业设备拍照记录相应信息，包括新装电能表起度、表号、计量设备封印信息等。

√ 用电客户装表工作单签字确认。

√ 现场作业结束，工作负责人填写工作票，办理工作票终结手续。

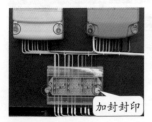

加封封印

工作票终结

（五）安装信息录入

装表结束后工作人员将装接信息及封印信息输入营销系统，将流程发至下一环节。

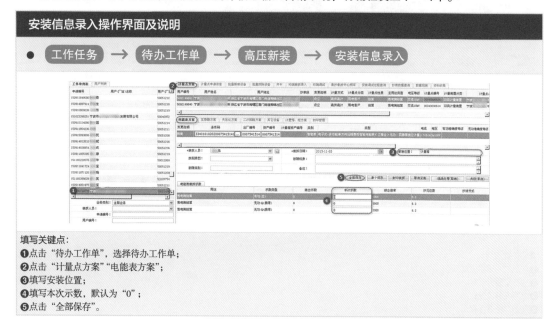

安装信息录入操作界面及说明

工作任务 → 待办工作单 → 高压新装 → 安装信息录入

填写关键点：

❶点击"待办工作单"，选择待办工作单；

❷点击"计量点方案""电能表方案"；

❸填写安装位置；

❹填写本次示数，默认为"0"；

❺点击"全部保存"。

填写关键点：
❶点击"互感器方案"；
❷选择安装方式；
❸填写安装位置；
❹点击"全部保存"。

工作任务 → 待办工作单 → 高压新装 → 安装信息录入

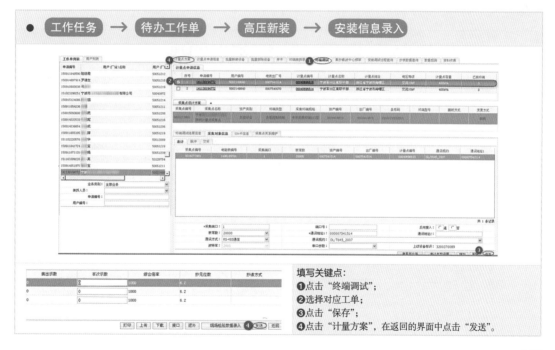

填写关键点：
❶点击"终端调试"；
❷选择对应工单；
❸点击"保存"；
❹点击"计量方案"，在返回的界面中点击"发送"。

送电

本作业的主要内容包括：客户送电前准备、送电实施及送电后的检查等。

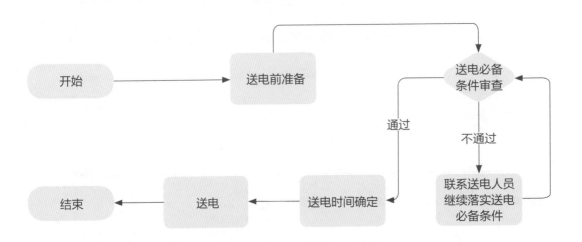

（一）送电前准备

工作内容

√ 应检查实施送电的必备条件是否全部具备。必备条件包括：

- 新建的供电工程已验收合格；
- 启动送电方案已审定；
- 客户受电工程已竣工检验合格；
- 供用电合同及有关协议均已签订；
- 业务相关费用已结清；
- 电能计量装置已安装检验合格；
- 客户电气工作人员具备相关资质；
- 客户安全措施已齐备；
- 配套工程已完成；
- 停送电计划已申请；
- 专线客户已与电力调度部门签订调度协议。

√ 告知客户送电时间及在送电前应预先完成的准备工作、注意事项及安全措施。

√ 在营销系统中打印填写"新装（增容）送电单"。

新装（增容）送电单（示例）

1. 本单据机打。

2. 送电日期必须与系统日期相符不得涂改。

3. 送电人必须有运行人员、用电检查人员签字。

4. 客户签字并盖章。

（二）送电实施

工作内容

√ 组织开展现场设备送电前的检查。检查内容一般包括：

- 核查电能计量装置的封印等是否齐全。

- 检查一次设备是否正确连接，送电现场是否工完、料尽、场清。

- 检查所有保护设备是否投入正常运行，直流系统运行是否正常。

- 检查现场送电前的安全措施是否到位，所有接地线是否已拆除；所有无关人员是否已离开作业现场。

- 检查客户自备应急电源与电网电源之间的切换装置和联锁装置是否可靠。

封印齐全

保护系统运行正常

送电现场料尽、场清

221

工作内容

√ 指导客户电气人员，按照操作步骤实施现场的送电操作。

进线隔离柜操作步骤

1. 隔离开关由冷备改为运行状态，并检查确认。
2. 合上电网侧开关。
3. 检查三相带电显示器指示正常，无异常声响。

进线柜操作步骤

1. 进线开关由冷备改为热备状态，并检查确认。
2. 合上进线开关。
3. 检查开关变位正常。
4. 合闸指示灯亮。
5. 三相带电显示器指示正常。

压变柜操作步骤

1. 确认压变手车已至工作位。
2. 逐相确认三相母线电压正常。

工作内容

计量柜操作步骤

1. 确认计量手车已至工作状态。
2. 三相电压表显示正常。
3. 表计显示电压、相序正常。

变压器柜操作步骤

1. 出线开关由冷备改为热备状态，并检查确认。
2. 合上出线开关。
3. 检查开关变位正常。
4. 合闸指示灯亮。
5. 三相带电显示器指示正常。

变压器检查要求

1. 变压器运行声音正常。
2. 温控仪指示正常。

工作内容

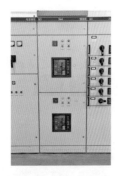  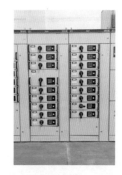

低压总柜操作步骤

1. 低压总柜开关由冷备改为热备状态，并检查确认。
2. 合上开关，合闸指示灯亮。
3. 检查仪表指示电压正常。

低压补偿柜操作步骤

1. 合上电容柜总开关。
2. 检查仪表设定参数正常。
3. 手动投运电容组正常，仪表指示参数正常。
4. 投切开关至自动挡。

低压出线柜操作步骤

1. 逐个合上低压出线开关。
2. 检查仪表显示正常。

工作内容

√ 按照"新装（增容）送电单"格式记录送电人员、送电时间、变压器启用时间及相关情况。

√ 将填写好的"新装（增容）送电单"交与客户签字确认，并存档以供查阅。

注意事项

√ 不得替代客户操作电气设备。

√ 送电操作过程发现疑问时，应停止送电，查明原因后方可继续送电，严禁带疑问送电。

√ 无特殊原因，受电装置检验合格并办结相关手续后，应在规定时限内安排送电作业。

（三）送电后检查

工作内容

√ 全面检查设备的运行状况。

√ 核对相位、相序。

√ 检查电能计量装置、用电信息采集终端运行是否正常。

核对相序

正常运行在第一象限

三相电压指示正常

（四）录入营销业务系统

根据实际的送电时间，在营销系统内填写好变压器的实际投运时间，并将流程从送电环节发出。

送电系统操作界面及说明

● 工作任务 → 待办工作单 → 高压新装 → 送电

流程信息

申请编号	流程名称	用户编号	用户名称	用电地址	挂起恢复时间	合计容量	超期天数(小时)	申请容量	电压等级
131231593094	高压新装	5005102348	宁波 有限公司	浙江省宁波市江北区 用电		1000		1000	交流10kV

送(停)电管理

申请编号	送(停)电人	送(停)电日期	送(停)电意见	备注

❶ *送(停)电意见： 同意　　　　　*送(停)电人：　　　　　*送(停)电日期： 2014-11-20

备注：

❷ 保存

会议通知　　　　　　　　　　　　　　　　　　　　　打印 ❸ 发送　返回

数据新增成功！
❷ 确定

申请编号【131231593094】已经发送到信息归档 环节，专业管理室 部门受理！
❸ 确定

填写关键点：

点击"待办工作单"，选择待办工作单；

❶点击"送（停）电管理"、填写"送（停）电意见""送（停）电人"等信息；

❷点击"保存""确定"；

❸点击"发送""确定"。

✚三 归档

本作业的主要内容包括：接收并审核客户待归档信息、资料，完成归档。

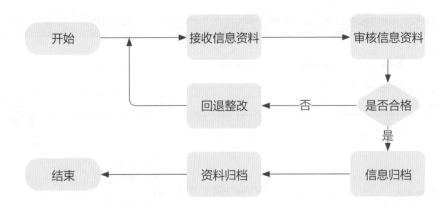

（一）信息归档

工作内容

√ 接收信息系统中客户待归档信息资料。

√ 审核客户待归档信息资料。主要内容包括：

- 供电电压、受电容量、供电电源数（单电源或多电源）、计量点与采集点设置。
- 电能计量装置配置类别及接线方式、计量方式、用电类别、电价分类及功率因数执行标准等相关信息。

√ 对审核完整的信息资料进行归档，完成信息系统内档案建立。

√ 对审核中发现的不完整的信息资料，应退回相应部门，要求补充完整；对审核中发现存在错误的信息资料，应启动相关纠错流程，并督促纠错。

信息归档系统操作界面及说明

● 工作任务 → 待办工作单 → 高压新装 → 信息归档

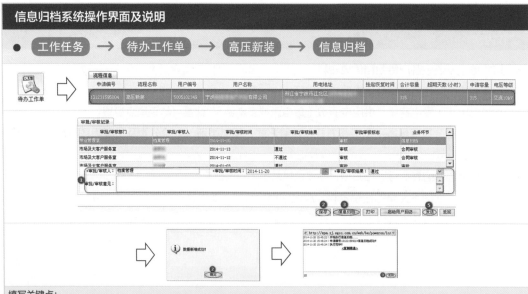

填写关键点：

点击"待办工作单"，选择待办工作单；

❶填写"审批/审核结果"；

❷点击"保存""确定"；

❸点击"信息归档"，执行完毕，点击"返回"。

● 工作任务 → 待办工作单 → 高压新装 → 信息归档

填写关键点：
❶点击"档案异常审核"，点击"执行规则""确定"；
❷ 点击"发送""确定"。

（二）资料归档

工作内容

√ 接收客户待归档纸质资料。

√ 审核客户待归档纸质资料。主要内容包括：

- 供电电压、受电容量、供电电源数（单电源或多电源）、计量点与采集点设置；

- 电能计量装置配置类别及接线方式、计量方式、用电类别、电价分类及功率因数执行标准等相关信息。

√ 对审核完整的纸质资料进行归档，完成档案系统内档案建立。

√ 对审核中发现的不完整的纸质资料，应退回相应部门，要求补充完整；对审核中发现存在错误的纸质资料，应督促相应部门及时整改。

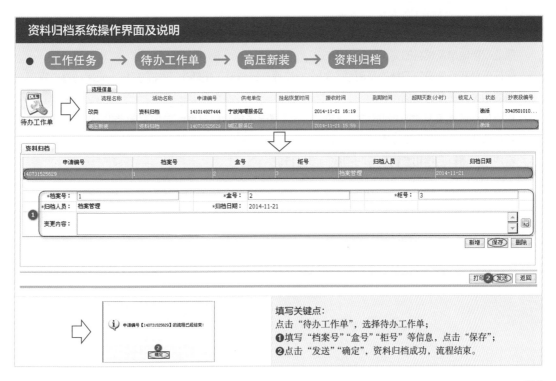

资料归档系统操作界面及说明

工作任务 → 待办工作单 → 高压新装 → 资料归档

填写关键点：
点击"待办工作单"，选择待办工作单；
❶填写"档案号""盒号""柜号"等信息，点击"保存"；
❷点击"发送""确定"，资料归档成功，流程结束。

申请编号【140731525629】的流程已经结束！

注意事项

√ 保证归档信息及资料的完整性和正确性。

√ 保证信息及纸质资料归档的及时性，对作业流程已经结束、超期未归档的资料，应启动催办程序，督促相关人员及时归档资料。

√ 在保证纸质档案及时归档的同时，还应特别注意电子档案信息系统内档案归档的及时性，避免对其他作业岗位的工作造成影响。

√ 客户纸质资料归档和营销系统归档应同步进行。